三农热点面对面丛书

U0612770

# 种子热点零距离

胡伟民　王道泽　吴增琪　主编

中国农业出版社

**图书在版编目（CIP）数据**

种子热点零距离 / 胡伟民，王道泽，吴增琪主编
—北京：中国农业出版社，2011.8
（三农热点面对面丛书）
ISBN 978-7-109-15969-3

Ⅰ.①种… Ⅱ.①胡…②王…③吴… Ⅲ.①作物-
种子-基本知识 Ⅳ.①S33

中国版本图书馆 CIP 数据核字（2011）第 161599 号

中国农业出版社出版
（北京市朝阳区农展馆北路 2 号）
（邮政编码 100125）
责任编辑 徐建华

中国农业出版社印刷厂印刷 新华书店北京发行所发行
2011 年 10 月第 1 版 2011 年 10 月北京第 1 次印刷

开本：850mm×1168mm 1/32 印张：8.875
字数：133 千字 印数：1～6 000 册
定价：16.00 元
（凡本版图书出现印刷、装订错误，请向出版社发行部调换）

# 《种子热点零距离》编委会

# 《种子热点零距离》编写人员

主　　编　胡伟民　王道泽　吴增琪

副 主 编　吴崇书　柴伟国　邵美红　姜路花

参编人员（以姓名笔画为序）

方伟文　王道泽　王淑珍　沈华琴

吴崇书　吴增琪　张　雅　阮松林

邵美红　陈建瑛　陈钦宏　金昌林

郑积荣　俞旭平　俞爱英　姜路花

胡伟民　柴伟国　楼卫东

# 出 版 说 明

"三农"问题是党和国家工作的重中之重，在不同时期表现出不同的热点难点。围绕这些热点难点，自 2004 年以来，党中央连续发布了 8 个"三农"问题的一号文件，不断推动"三农"工作。

当前"三农"热点难点问题主要有：如何推进农业现代化，如何加快新农村建设，如何统筹城乡发展，如何发展现代农业，如何加快农村基础设施建设和公共服务，如何拓宽农民增收渠道，如何完善农村发展的体制机制以及农民工转移就业、农村生态安全、农产品质量安全，等等。这些问题是一个复杂的社会问题，解决"三农"问题需要社会各界的共同努力。中国农业出版社积极响应党中央和农业部号召，围绕中心、服务大局，立足"三农"发展现实需求，围绕"三农"热点难点问题，坚持"三贴近"原则，面向基层农业行政、科技推广、乡村干部和广大农民，组织专家撰写了《三农热点面对面丛书》。

本丛书紧密联系我国农业、农村形势的新变

化，重点围绕发展现代农业和推进社会主义新农村建设，对当前农民和农村干部普遍关注的党的强农惠农政策、农业生产、乡村管理、农民增收和社会保障以及新技术应用等热点难点问题，采用专家与读者面对面交流的形式，理论联系实际，进行深入浅出的回答，观点准确、说理透彻，文字生动、事例鲜活，图文并茂、通俗易懂，具有较强的针对性和说服力。在运作方式上，根据理论联系实际的要求，针对"三农"问题的阶段性特点，分期分批组织实施。丛书突出科学性、针对性、实用性，力求用新技术、新观点、新形式，达到"贴近农业实际、贴近农村生活、贴近农民群众"的要求。

本丛书是广大基层干部、农民和农业院校师生学习和了解理论和形势政策的重要辅助材料，也是社会各界了解"三农"问题的重要窗口。希望本丛书的出版对推动"三农"工作的开展和"三农"问题的研究提供有力的智力支持，也希望广大读者提出好的意见和建议，以便我们更好地改进工作，服务"三农"。

2011 年 6 月

　　"民以食为天"，农业是国民经济的基础，是安天下的战略产业。尤其对我们这样一个十几亿人口的农业大国来说，农业的安全、粮食的安全至关重要。农业丰则基础强，农民富则国家盛，农村稳则社会安。古人云："食为政先"，"农为邦本"。"三农"问题始终是关系社会发展的全局性和根本性问题，长期以来，党中央始终把解决好"三农"问题作为全党工作的重中之重。

　　种子是农业的基础，在农业增效、农民增收、农村发展，调整产业结构、发展现代农业等方面，都有着举足轻重的作用。"一粒种子可以改变世界"。以水稻为例，新中国成立以来，高秆变矮秆，单季改双季，常规变杂交，使我国粮食产量实现了三次重大跨越，而这一切无不都是从种子开始。良种还是提升农业科技应用水平的最直接、最有效的载体之一，在发展现代农业中起着基础性和先导性作用。

　　改革开放以来，我国农业快速发展，随着农业、农村改革的不断深入，良种选育、生产、供应、推广等方面都发生了很大的改变，从过去单一的国有种子生产、供应体系转变为多元化的、以市场为主导的种子生产、供应体系，这就对农民朋友如何正确使用良种，如何识别种子真伪，如何繁育良种，生产优质种苗提出了新的挑战。中国农业出版社急农民所急，想农民所想，组织出版《三农热点面对面丛书》，非常及时，为农民朋友办了一件大实事。

今年5月，接到中国农业出版社徐建华先生要求组织编写该丛书《种子热点零距离》分册的约稿电话时感到很犹豫。一方面，觉得书中要求所写内容确是生产实践中农民朋友碰到的最实际的问题，是农民朋友最需要了解掌握的知识，作为一个长期在基层一线工作的农业科技工作者，能为农民朋友做点有益的工作义不容辞；而另一方面，担心在时间这么紧的情况下，能否写出农民朋友真正需要的东西是个大问题，觉得要写好这样的书，难度很大。但考虑再三，我们决定还是接受这个任务。为此我们组织了从事农业行政管理、教学、科研、基层推广等第一线的有关人员进行编写。

该书从农民朋友最关心、要求最迫切的"种子"入手，紧紧围绕"种子"热点、难点问题，采用面

对面问与答的方（形）式来回答农民朋友最关心的
问题。鉴于该书所涉及到的内容广、范围大，面向
全国，编写难度大的特点，编写人员力求运用自己
掌握的知识、丰富的生产实践经验，以广大农民浅
显易懂的直白语言叙述。感谢本书的编写人员在这
么短的时间内完成了任务。期望该书的出版能对广
大农民解决生产实际中的问题有所帮助，对推进我
国种业的健康发展能起到积极的作用。

2011 年 6 月

# 前　言

　　种子是最基本的农业生产资料，农业增效、农村发展，离不开种子。随着我国现代农业生产的快速发展，良种在"三农"中的作用也越来越重要，农民朋友如何正确使用良种、区分种子的真假优劣、出现种子质量问题如何维权、良种繁育和育苗技术等许多问题仍然困扰着农民朋友。《种子热点零距离》针对当前在种子使用和种子种苗繁育上的热点问题，为广大农民提供了种子使用的基础知识和实用技术。希望本书的出版能为我国农业生产及种子产业的发展，提高我国种子技术水平尽一份力。

　　本书以先进性和实用性为出发点，以问答的方式系统地介绍了用种的各个环节和技术。全书共分四部分，第一部分介绍了良种使用和繁育的基础知识、《种子法》相关规定；第二部分和第三部分按作物种类分别介绍了优良种子的使用与假冒伪劣种子的鉴别、种子生产及育苗技术；第四部分介绍了种

1

子质量纠纷的原因、案例及其处理的方法。在本书的许多问答题后面附有小贴士，用于拓展相关知识，便于对照学习。

参加本书编写的人员为：第一部分概述由胡伟民、王道泽、吴增琪、楼卫东编写；第二部分和第三部分的禾谷类、纤维类、油料类、豆类等大田作物由吴崇书、邵美红、王淑珍、胡伟民、吴增琪、金昌林、阮松林编写；瓜类、白菜类、茄果类、甘蓝类、叶菜类等蔬菜和水果、茶树、中药材等经济作物由柴伟国、郑积荣、张雅、陈建瑛、俞爱英、陈钦宏、王淑珍、姜路花、方伟文、沈华琴、俞旭平编写；第四部分由王道泽编写。全书由胡伟民、王道泽、吴增琪进行统稿、定稿。本书主要为广大农民朋友和乡镇农技人员提供种子使用和种子种苗繁育等方面的实用知识和技术，也可作为种子科技工作者及农业技术人员的参考书。

本书在编写过程中，得到了杭州市农业科学研究院王世恒研究员、马华升研究员和浙江大学胡晋教授等的大力支持和帮助，特别是王世恒研究员和马华升研究员为本书的编写大纲提供了框架构思和指导性意见，并承担相关的组织协调工作，在此深表谢意。对本书所引用的资料尽可能列出了参考文献和作者，但难免会挂一漏万，在此致以歉意。

由于编写时间仓促，书中难免存在不足之处，敬请广大读者批评指正。

编　者

2011 年 6 月 22 日于杭州

# CONTENTS 目录

1

# 第二部分 优良种子的使用与假冒伪劣种子的鉴别

# 第三部分　良种繁育及育苗技术

# 第四部分　种子质量纠纷处理

# 第一部分
# 概　　述

三农热点面对面丛书

# 一、品种与良种的基础知识

## 1. 什么是植物新品种?

植物新品种是指经过人工培育的或者对发现的野生植物加以开发,具备新颖性、特异性、一致性和稳定性并有适当命名的植物品种。

> **知识点**
>
> 《中华人民共和国种子法》所称种子,是指农作物和林木的种植材料或者繁殖材料,包括籽粒、果实和根、茎、苗、芽、叶等。

## 2. 什么是良种?

良种是增产增效的保证。良种应包括两个方面的含义,其一是优良的品种,其二是优质的种子。真正的良种应当是优良品种的优质种子,二者缺一不可。优良的品种是指具备优良的生物学特性和农艺性状,具有丰产、稳产、优质的特性,即具有优良的遗传基础。

优质的种子应具备优良的品种质量和优良的播

种质量。品种质量是指与品种遗传基础有关的种子品质，包括品种的真实性和纯度。品种的真实性是指收购、调运、贸易过程中，品种的特征特性与所需品种的典型性状相符，或者说品种的特征特性与所附文件一致。品种纯度是指品种的特征特性的一致程度。品种纯度在品种具备真实性的前提下才有意义，品种失去真实性，品种纯度也就失去意义。

播种质量是指影响播种后田间出苗的种子品质指标。这些指标有：净、饱、壮、健、干、强六个方面。净是指种子清洁干净的程度，可用净度表示。种子净度高，表明种子中杂质含量少，可利用的种子数量多。饱是指种子充实饱满的程度，可用千粒重或百粒重表示。种子充实饱满表明种子中贮藏物质丰富，有利于种子发芽和幼苗生长。壮是指种子发芽出苗齐壮的程度，可用发芽率表示。发芽率高的种子发芽出苗整齐，幼苗健壮，同时可以适当减少单位面积的播种量。健是指种子健全完善的程度，通常是用病虫感染率表示。种子病虫害直接影响种子发芽率和田间出苗率，并影响作物的生长发育和产量。干是指种子干燥耐藏的程度，可用种子水分百分率表示。种子水分低，有利于种子安全贮藏和保持种子的发芽力和活力。强是指种子强健，抗逆性强，增产潜力大，通常用种子活力表示。活力强的种子，可早播，出苗迅速整齐，成苗率高，增产潜力大，产品质量优，经济效益高。

## 3. 良种的质量指标包括哪些?

评价种子质量有多个指标，其中尤以品种纯度最为重要，品种纯度是指品种在特征特性方面典型一致的程度，用本品种的种子数占供检本作物样品种子数的百分率表示。在检测品种纯度之前首先要查明所检品种的真实性。种子的真实性是指供检品种与文件记录（如标签等）是否相符。此外评价种子质量的指标还有种子净度、水分、发芽率、活力、健康度等。

种子质量标准对种子的要求并不包括种子质量的全部内容，在我国只是种子的纯度、净度、水分、发芽率四项指标。因此符合种子质量标准的种子（即合格种子）并不证明种子没有质量问题。特别是一些很重要的品种属性如丰产性、适应性、抗逆性及健康状况等没有在种子质量标准中体现。质量标准是指生产商必须承诺的质量指标，按品种纯度、净度、发芽率、水分指标标注。国家或地方有规定的种子质量标准，生产商承诺的指标不能够低于规定的标准。

## 4. 种子质量等级如何分类?

种子质量的构成指标较多，我国在评价种子质量时，选出了对种子质量影响最大的四项指标进行评价，这四项指标是：纯度、净度、发芽率、水分，其中又以品种纯度指标作为划分种子质量级别的依据。2008 年和 2010 年先后重新修订和颁布了主要农作物种子质量标准，常规种子级别只分原种和大田用种两类，纯度达不到原种标准的降为大田用种，

**链　接**

作物种子质量国家标准（禾谷类，GB 4404.1—2008；纤维类，GB 4407.1—2008；油料类，GB 4407.2—2008；豆类，GB 4404.2—1996；赤豆、绿豆，GB 4404.3—1999；荞麦，GB 4404.4—1999；燕麦，GB 4404.5—1999；瓜类，GB 16715.1—1996；白菜类，GB 16715.2—1999；茄果类，GB 16715.3—1999；甘蓝类，GB 16715.4—1999；叶菜类，GB 16715.5—1999）；其中豆类至叶菜类等 1996、1999 年版标准已于 2010 年重新修订，并在 2011 年 1 月 14 日正式发布，自 2012 年 1 月 1 日起实施。

**特别提示**

农业部办公厅《关于种子法有关条款适用的函》（农办政函［2006］8 号）对种子标签是否需要标注种子质量保证期作出了说明。种子质量主要取决于种子纯度、净度、发芽率、水分四项指标，同时，根据使用者购买种子即买即用的实际情况，种子标签可以不标注种子质量保证期。但企业标注了保质期的，属于企业对外承诺，企业生产经营的种子要受保质期的约束。

达不到大田用种的，则为不合格种子。杂交种不分级，只有大田用种。净度、发芽率和水分其中一项达不到指标的，则为不合种格子。

# 5. 什么样的种子属于假、劣种子？

《种子法》第46条规定：禁止生产、销售假、劣种子。并对假、劣种子作出了明确界定，下列五种种子是假种子：一是以非种子冒充种子的，如以粮食冒充种子的、以商品棉籽冒充棉花种子的；二是以此种种子冒充他种种子的，如以小麦种子冒充大麦种子的、以白菜种子冒充甘蓝种子的；三是种子种类与标签标注不符的，如常规种标为杂交种，大田用种标为原种；四是品种与标签标注不符的，如中单2号标为掖单2号；五是产地与标签标注不符的，如河北标为甘肃。

假种子的危害非常大，有时会造成绝收的严重后果，如发生在1995年的汝城假种案，就是祝和孝等人将3550水稻品种冒充当年极为紧缺畅销的汕优63销售到安徽，由于3550系列组合属弱感光性品种，只适宜在广东、广西、福建的中南部和海南省作晚稻栽培，在安徽不能正常抽穗，从而造成岳西等县4万亩*水稻绝收，经济损失数千万元，主犯被判了无期徒刑。

---

\* 亩为非法定计量单位，1亩＝667米$^2$。——编者注

按照第四十六条规定，下列五种种子为劣质种子：一是质量低于国家规定的种用标准的，如国家标准规定玉米种子发芽率不得低于 85％，而销售的种子实际发芽率只为 75％，即为劣质种子；二是质量低于标签标注指标的，如标签标注发芽率为95％，而种子实际发芽率为 90％，同样为劣质种子；三是因变质不能作种子使用的，如遇阴雨、温度偏高、保存不善致使种子霉烂、发芽率降低，导致种子净度、发芽率低于国家标准的种子；四是杂草种子的比率超过规定的，我国的种子质量标准规定每千克水稻良种中稗子种子不得超过 5 粒、每千克小麦良种中野生燕麦种子不得超过 5 粒、每千克大豆良种中大豆菟丝子种子不得超过 5 粒；五是带有国家规定检疫对象的有害生物的。

**特别关注**

《种子法》第四十七条规定，由于不可抗力原因，为生产需要必须使用低于国家或者地方规定的种用标准的农作物种子的，应当经用种地县级以上地方人民政府批准；林木种子应当经用种地省、自治区、直辖市人民政府批准。

## 6. 如何简单地鉴定与识别种子的真伪优劣？

对种子进行鉴定前，必须先了解该品种种子的外部特征，包括种子形状、大小、颜色和其他一些特点。真种子应和品种介绍的种子特征相符。如果一批种子在粒型、粒色、大小等方面参差不齐，可以据此断定这批种子纯度较差。发芽率高、成熟饱满的种子播种品质较好。一般成熟而干燥的种子色泽较深，新鲜而有光泽。未充分成熟的种子颜色较淡。受害虫、霉菌侵害的种子暗淡无光，常呈青灰色或灰白色。因发热而损伤的种子常表现不同程度暗红色。种子在潮湿状态下贮藏，籽粒易变成暗晦色，有的呈现白色，陈种子的色泽较新种子暗，而且无光泽。种子品质发生变化，气味也会随之改变，如新鲜小麦种子具有清香气味，而发芽过的小麦种子有麦芽味，受霉菌、拟谷盗、壁虱等为害过的种子有霉臭味。

## 7. 种子使用者的权益有哪些？

（1）享有知悉其购买、使用的种子的真实情况和权利　种子使用者有权询问他所购买的种子的品种特征特性、质量状况、适应范围、栽培技术要点以及日期、是否通过审定等，种子经营者必须如实提供真实情况。

（2）享有自主选择种子的权利　有权自主选择到哪家种子经营机构购买种子，购买什么种子，多少数量，有权对购买的种子进行比较挑选。

（3）享有公平交易的权利 种子使用者在购买种子时有权获得质量保障、价格合理、计量正确的公平交易，有权拒绝经营者的强制交易行为。

（4）请求赔偿的权利 种子使用者在购买到假冒伪劣种子或者其他因为经营者不履行义务等原因而受到损失时有权要求赔偿损失。

# 8. 种子使用者权益受损包括哪些情况？

种子使用者权益受损主要是指种子使用者购买种子，由于种子经营者没有履行或没有完全履行其法定义务和约定义务，致使种子使用者购买到了假冒伪劣种子，给种子使用者造成损失。种子使用者权益受损主要有以下几种情况：

（1）种子质量不合格 种子作为重要的农业生产资料，为保证农业生产的安全，国家或地方对部分特别重要的农作物种子制定了强制性标准。种子质量不合格常常导致使用者减产减收。

（2）假冒种子 假冒种子包括假种子和冒牌种子两种。假种子是指经营者交付给购买者的种子不是种子购买者所约定购买的品种种子，或者种子包装标明的种子与实际包装的种子不相附而又没有告诉购买者。当种子使用者进行正常生产后却因种子不合格得不到预期收获。

（3）需经审定而未审定或审定未通过品种的种子 衡量品种优劣、是否具有推广价值的关键是品种审定。未经审定的品种没有经过科学的区域试验和生产示范，其优质性、抗病性、适应性、产量等没有经过鉴定，是否能在生产上使用推广还是未知数，万一存在某种缺陷，使用后将给农民和农业生产造成严重后果。农民购买到审定未通过的品种，使用后达不到预期增产增收的目的，甚至还可能造成严重减产。

（4）包装标识不符合要求 具体表现为没有品种说明书；包装标识说明与实际装入的种子不符；包装标识缺乏必要的项目，如品种特性、栽培要点、质量状况等；夸大其辞，错误诱导种子使用者购买和使用；进口种子没有中文说明；剧毒的包衣种子等没有警示标志。这些都极易给种子使用者造成损失。

（5）过期种子 农作物种子作为生命体，都有一定的寿命期限，随着时间的推移，种子的生命力逐渐减弱，直至失去使用价值。在正常保存条件下，一般种子的寿命期限在2～3年，韭葱类种子最好用当年的种子，茄果类种子在保存条件好的情况下可以用3～5年。超过使用期限的种子即使有的能发芽，顶土能力也弱，或者根本就出不了土。

# 9. 购买种子时应注意哪些事项?

(1) 选择对路品种 可在购种前到农业行政部门、农业技术推广机构咨询查看近几年品种审定公告,了解这些农作物品种的特征特性、栽培技术要点和在生产当中应注意的事项,尤其要关注这些品种的遗传缺陷和适宜推广区域。在生长和收获季节,可到县乡农业技术推广机构的试验点、示范田以及朋友、邻居的品种种植地块考察,看看哪些品种表现优异,比较这些品种的优缺点,再根据您自己的具体条件(土质、地力、水肥条件、管理水平)及个人喜好来确定品种。如果种植面积较大,应选择2~3个抗逆性较强又有一定抗性差距的品种,以规避生产的风险。

购买新引进品种时要详细阅读品种说明书,了解品种特性,是否符合种植要求和当地消费习惯,并严格按照栽培要点种植。新品种首次种植要少量试验,摸索其栽培技术及品种适应性,来年再大量种植。

(2) 到合法经营单位购种 购买种子要到具有种子经营资格的单位,看看供货者有没有"三证一照"(种子生产许可证、种子经营许可证、种子质量合格证和营业执照)。根据《种子法》的规定,具有种子经营资格的单位一是具有《农作物种子经营许可证》的经营单位,二是该单位所设的分支机构,三是受具有《农作物种子经营许可证》的单位书面委托的代理销售商。具体选择时，可从具有经营资格的单位中选择经营时间长、经营规模大、经济实力强、经营信誉好的单位，这样可以最大限度地避免因种子质量问题造成的不必要的经济损失。

（3）要购买标签齐全的种子　根据种子法的有关规定，销售的种子应当加工、包装、附有标签，标签应当标注作物种类、种子类别、品种名称、产地、种子经营许可证编号、质量指标、植物检疫证编号、净含量、品种特征特性、栽培要点、生产日期、包装日期、保质期、生产商名称、生产商地址以及联系方式等，通过审定的品种还应当加注品种审定编号。多数种子生产商将标签内容印在包装袋上，农民购买时要注意查看。

（4）保留相关购种凭证　为防止万一，购种时一定要索要发票，发票要注明品种名称、数量、价格，加盖售种单位公章，不要接受个人签名的字据或收条等；并保存好种子包装袋及标签或信誉卡，还要留存少许种子。一旦发生质量纠纷，用于举证。

**专家告诉您**

以下种子不能购买：一是散装种子或已打开包装的种子或无证包装的种子；二是包装效果差，标识模糊、标注不全的种子；三是走街串巷、沿街叫卖、来路不明的种子；四是小广告宣传新特优、邮寄的种子。

# 二、种子管理的相关规定

## 10. 《种子法》的主要内容和特点有哪些？

《中华人民共和国种子法》于 2000 年 12 月 1 日起实施。其宗旨是保护和合理利用种质资源，规范品种选育和种子生产、经营、使用行为，维护品种选育者和种子生产者、经营者、使用者的合法权益，提高种子质量水平，推动种子产业化，促进种植业和林业的发展。《种子法》分为总则、种质资源保护、品种选育与审定、种子生产、种子经营、种子使用、种子质量、种子进出口和对外合作、种子行政管理、法律责任和附则 11 章，共 78 条。

种子法是调整种子选育、生产、经营、使用和管理过程中所发生的各种经济关系的法律。《种子法》的颁布和施行，标志着我国种子产业进入了一个有法可依、规范发展的新阶段。《种子法》除对种子选育、种子生产、种子经营、种子检验和检疫等内容作出规定外，还根据我国实际对种质资源管理和种子贮备作出了具体规定，以加强种质资源的保护和作好种子的贮备工作，对促进我国种子事业和农林业的发展发挥了重要作用。

## 11. 农作物种子的主管部门是哪个？

根据《种子法》第 3 条的规定，农作物种子的主管部门是各级农业主管部门，农业部主管全国农作物种子工作；县级以上地方人民政府农业行政主管部门主管本行政区域内农作物种子工作。

## 12. 《种子法》对种质资源保护有哪些规定？

《种子法》设立了种质资源保护制度。它的主要内容是国家依法保护种质资源；国家有计划地收集、整理、鉴定、登记、保存、交流和利用种质资源，定期公布可供利用的种质资源目录；任何单位和个人向境外提供种质资源的，应当经国务院农业、林业行政主管部门批准。

> **知识点**
>
> 种质资源是指选育新品种的基础材料，包括各种植物的栽培种、野生种的繁殖材料以及利用上述繁殖材料人工创造的各种植物的遗传材料。

# 13. 《种子法》对品种审定有哪些规定？

《种子法》设立了品种审定制度。主要农作物品种和转基因农作物品种在推广应用前应当通过国家级或者省级审定；应当审定的农作物品种未经审定通过的，不得发布广告，不得经营、推广。国家确定的主要农作物是指稻、小麦、玉米、棉花、大豆以及农业部确定的油菜、马铃薯，各省、自治区、直辖市人民政府农业行政主管部门可以分别增加其他一至二种农作物为主要农作物。

**知识点**

2001年2月13日农业部《主要农作物范围规定》（第51号令）：农作物包括粮食、棉花、油料、麻类、糖料、蔬菜、果树（核桃、板栗等干果除外）、茶树、花卉（野生珍贵花卉除外）、桑树、烟草、中药材、草类、绿肥、食用菌等作物以及橡胶等热带作物。

# 14. 市场上出售的种子是否都需要通过国家或省级审定？

《种子法》第15条规定："主要农作物品种和主要林木品种在推广应用前应当通过国家级或者省级审定，申请者可以直接申请省级审定或者国家级审定。"

稻、小麦、玉米、棉花、大豆以及农业部确定的油菜、马铃薯等七种主要农作物品种实行国家或省级审定，申请者可以申请国家审定或省级审定，也可以同时申请国家审定和省级审定，也可以同时向几个省（直辖市、自治区）申请审定。省级农业行政主管部门确定的主要农作物品种实行省级审定。通过国家级审定的品种由农业部发布公告，可以在全国适宜生态区域推广；通过省级审定的品种由省、直辖市、自治区人民政府农业行政主管部门发布公告，可以在本行政区域内适宜生态区域推广；相邻省、直辖市、自治区属于同一适宜生态区的地域，经所在省、直辖市、自治区人民政府农业行政主管部门同意后可以引种。从境外引进的农作物品种和转基因农作物品种的审定权限按国务院有关规定执行。

为科学、公正、及时地对非主要农作物品种进行登记，维护品种选育（引进）者、生产者、经营者、使用者的合法权益，国内有些省份已经制定颁布了《非主要农作物品种登记管理试行办法》，对非主要农作物品种的登记和使用进行了规范。

## 15. 《种子法》对新品种保护有哪些规定？

《种子法》设立了新品种保护制度。主要内容是国家对具备新颖性、特异性、一致性和稳定性的植物品种，授予植物新品种权，保护植物新品种权所有人的合法权益。未经品种权人同意，任何人不得以商业目的生产或销售该品种的种子。选育的品种得到推广应用的，育种者依法获得相应的经济利益。

# 16. 《种子法》对种子生产管理有哪些规定？

《种子法》设立了种子生产管理制度。主要内容是主要农作物和转基因品种的商品种子生产实行许可制度，种子生产者应具备一定的条件，才能到农业行政主管部门办理许可证；商品种子生产应当执行种子生产技术规程和种子检验、检疫规程；商品种子生产者应当建立种子生产档案。

# 17. 《种子法》对种子经营管理有哪些规定？

《种子法》规定种子经营实行许可制度。种子经营者必须先取得种子经营许可证后，方可凭种子经营许可证向工商行政管理机关申请办理或者变更营业执照。种子经营许可证实行分级审批发放制度。

《种子法》对不需办理种子经营许可证的几种情况作出了规定：种子经营者专门经营不再分装的包装种子的，或者受具有种子经营许可证的种子经营者以书面委托代销其种子的，种子经营者按照经营许可证规定的有效区域设立分支机构的，以及农民个人自繁、自用的常规种子有剩余时在集贸市场上出售、串换的，可以不办理种子经营许可证。

《种子法》对种子的加工和包装、种子标签、经营档案、种子广告等都作了规定。

**重点提示**

《种子法》规定，种子经营许可证实行分级审批发放制度。农作物种子经营许可证由种子经营者所在地县级以上地方人民政府农业行政主管部门核发。主要农作物杂交种子及其亲本种子、常规种原种子的种子经营许可证，由种子经营者所在地县级人民政府农业行政主管部门审核，省人民政府农业行政主管部门核发。实行选育、生产、经营相结合并达到国务院农业行政主管部门规定的注册资本金额的种子公司和从事种子进出口业务的公司的种子经营许可证，由省人民政府农业行政主管部门审核，国务院农业行政主管部门核发。

## 18. 《种子法》对种子质量管理有哪些规定？

《种子法》设立了种子质量管理制度。主要内容是农业行政主管部门负责种子质量监督；种子检验机构和种子检验员要具备一定的条件，经省级以上农业行政主管部门考核合格；实行最低种用标准基础上的真实标签制度，禁止生产经营假劣种子；由于不可抗力原因，为生产需要必须使用低于国家或者地方规定的种用标准的农作物种子的，应当经用种地县级以上地方人民政府批准。

# 19. 对于违法行为，《种子法》中作出了哪些处罚规定？

《种子法》对违反规定，生产、经营假、劣种子的；未取得种子生产许可证或者伪造、变造、买卖、租借种子生产许可证，或者未按照种子生产许可证的规定生产种子的；未取得种子经营许可证或者伪造、变造、买卖、租借种子经营许可证，或者未按照种子经营许可证的规定经营种子的；经营的种子应当包装而没有包装的；经营的种子没有标签或者标签内容不符合种子法规定的；伪造、涂改标签或者试验、检验数据的；未按规定制作、保存种子生产、经营档案的；种子经营者在异地设立分支机构未按规定备案的；违反种子法规定，经营、推广应当审定而未经审定通过的种子等各种行为，都规定了相应的法律责任和处罚规定。

法律责任主要包括行政责任、刑事责任和民事责任。行政责任主要是对违禁行为的行政处罚如吊销种子生产、经营许可证、罚款、没收非法财物、责令改正等等，其中最高罚款可达违法所得的 10 倍，最严重的是吊销许可证，对于生产经营假劣种子的，一律吊销许可证。刑事责任指构成犯罪的违法行为，如生产经营假劣种子罪、伪造证照罪、玩忽职守罪等，最高刑罚可至无期徒刑。如：汝城假种案主犯祝和孝就被判了无期徒刑。民事责任主要规定了侵权的民事责任，包括因种子质量原因给使用者造成损失的和强迫种子使用者违背自己的意愿购买、使用种子给使用者造成损失的，应当承担赔偿责任。

## 相关链接

《种子法》第五十九条：违反本法规定，生产、经营假、劣种子的，由县级以上人民政府农业、林业行政主管部门或者工商行政管理机关责令停止生产、经营，没收种子和违法所得，吊销种子生产许可证、种子经营许可证或者营业执照，并处以罚款；有违法所得的，处以违法所得五倍以上十倍以下罚款；没有违法所得的，处以二千元以上五万元以下罚款；构成犯罪的，依法追究刑事责任。

第六十二条：违反本法规定，有下列行为之一的，由县级以上人民政府农业、林业行政主管部门或者工商行政管理机关责令改正，处以一千元以上一万元以下罚款：

（一）经营的种子应当包装而没有包装的；

（二）经营的种子没有标签或者标签内容不符合本法规定的；

（三）伪造、涂改标签或者试验、检验数据的；

（四）未按规定制作、保存种子生产、经营档案的；

（五）种子经营者在异地设立分支机构未按规定备案的。

# 20. 种子经营者分哪几类？

合法的种子经营者分以下三类：

第一类种子经营者是指领取《种子经营许可证》和《营业执照》的种子公司及其分支机构。

第二类是种子代销者。种子代销者不需领取种子经营许可证，但应当具备以下三个条件：①领取经营范围中含有"代销包装种子"字样的《营业执照》；②取得具有种子经营许可证的种子经营者的书面委托；③取得加盖具有种子经营许可证的种子经营者的公章的《种子经营许可证》复印件。

第三类是种子零售者。种子零售者不需领取种子经营许可证，但其领取的《营业执照》的经营范围中应含有"销售包装种子"字样。

# 21. 种子标签的相关规定有哪些？

农作物种子标签是指固定在种子包装物表面及内外的特定图案及文字说明。标签既是明示种子质量信息的重要载体，又是明确种子质量责任的主要证据，在《种子法》规定的种子质量中占有十分重要的地位。第 35 条对种子的标签作出了明确的要求："销售的种子应当附有标签。标签应当标注种子的类别、品种名称、产地、质量指标、检疫证明编号、种子生产及经营许可证号或者进口审批文号等事项。标签标注的内容应当与销售的种子相符。销售进口种子的，应当附有中文标签。销售转基因植物品种种子的，必须用明显的文字标注，并应当提示使用时的安全控制措施。"

《农作物种子标签通则》的颁布和实施，除规范农作物种子标签的标注、制作与使用行为外，对保护种子使用者、种子生产者和种子经营者（以下简称种子经营者）的合法权益，也有着不可估量的作用。合格的种子标签，不仅可以减少甚至避免种子纠纷，而且能够在发生种子纠纷时明确种子质量责任，保护种子经营者的合法权益，不使种子经营者"含冤受屈"。

《农作物种子标签管理办法》对标签的标注还有几项要求：

①属于授权品种或审定通过的品种应标注批准的品种名称，不属于授权品种或无需进行审定的品种宜标注品种持有者或育种者确定的品种名称。

②转基因种子应标明转基因或转基因种子、农业转基因生物安全证书编号、转基因农作物种子生产许可证编号、转基因品种审定编号、有特殊销售范围要求的需标注销售范围可表示为仅限于 XX 销售生产使用、转基因品种安全控制措施按农业转基因生物安全证书上所载明的进行标注。

③药剂处理种子应加注药剂名称有效成分及含

量，标明高毒、中等毒、低毒并附警示标志，药剂中毒所引起的症状可使用的解毒药剂的建议等注意事项。

## 22. 种子经营过程中常见的问题有哪些？

（1）种子包装、标签不规范 主要是包装袋上的图形与本品种特征特性不相符；品种审定编号标志不清、品种特征及简易栽培技术介绍不清；按规定必须标注的内容不齐；生产许可证号、生产日期填写不全等。在农民购买种子时，也有少数不法商贩为促销其种子，在标签或说明上做起文章，误导农民。例如，某品种抗某种病，他把"某种"删除，误导农民是抗所有的病，而农民用了此品种后，就有可能造成大的损失。

（2）购销种子无档案，开出的票据含糊不清 部分种子经营户购销种子无档案，进货渠道、销售对象不明，开据发票故意将品种名称混淆或将多个品种开在一张发票上，不填写购种者的单位姓名，有意造成含糊不清，一旦出现种子质量问题借机推托责任。

（3）良种良法不配套 部分种子经销商不具备种子基础知识，更缺乏对新品种特征特性的了解，在销售过程中不能向购种农户讲解本品种的基本特征特性、适宜种植区域以及主要栽培技术和注意事项等要点，良种良法不配套，不能充分发挥良种的增产潜力，甚至减产。

（4）基层经销商进货渠道混乱　部分种子经销商贪图便宜、方便，从不具生产经营实力的供应商那儿进货，一旦发生种子质量纠纷，往往导致无法向上家追溯。

# 23. 种子（种苗）检疫主要有哪些规定？

植物检疫的概念是指植物检疫机构根据国家颁布的法规、条例，为阻止危险性有害物随同植物及植物产品扩展传播而采取的综合措施，目的是防止外来病虫草害的传入，以避免因新病虫杂草传入为害农业生产。

## 特别提示

《种子法》第三十八条：调运或者邮寄出县的种子应当附有检疫证书。

《植物检疫条例》第七条：下列货物必须实施检疫：①凡列入应施检疫的植物和植物产品名单，从疫区运出之前，或从其他地区运入保护区之前，必须经过检疫；②凡种子、苗木和其他繁殖材料，不论是否列入应施检疫的植物和植物产品名单和运往何地，在调运前，都必须经过检疫；③可能被植物检疫对象污染的包装材料、运载工具、场地仓库等应施检疫。

根据《植物检疫条例》规定，所有种子、苗木和其他繁殖材料，在调运前都必须经过检疫。对种子、苗木及应施检疫的植物和植物产品在原产地进行产地检疫，在调运过程中进行调运检疫。凡从国外引种，引种单位或个人必须办理国外引种检疫审批手续。

## 24. 国家对转基因品种有哪些规定？

2001 年，国务院颁布了《农业转基因生物安全管理条例》（以下简称《条例》），对在中国境内从事的农业转基因生物研究、试验、生产、加工、经营和进出口等活动进行全过程安全管理。《条例》颁布实施后，农业部和国家质检总局先后制定了 5 个配套规章，发布了转基因生物标识目录，建立了研究、试验、生产、加工、经营、进口许可审批和标识管理制度。农业部组建了农业转基因生物安全委员会、全国农业转基因生物安全管理标准化技术委员会，建设了一批安全监督检验测试机构，其中 35 个机构已通过国家计量认证和农业部审查认可。截至 2009 年底，农业部已发布了 62 项转基因生物安全技术标准，保障了依法行政监管的技术需求。转基因植物品种的选育、试验、审定和推广应当进行安全性评价，并采取严格的安全控制措施。转基因作物的安全评价包括实验研究、中间试验、环境释放、生产性试验和申请生产应用安全证书五个阶段。

## 25. 中药材种子种苗的生产与经营是如何管理的？

　　目前我国的中药材种子种苗工作基本处于放任自流状态，大多停留在自选、自繁、自留、自用，辅之以调节的"四自一辅"阶段。迄今为止，尚无一个专门繁育、生产中药材种子种苗的单位和部门。尽管国内仅有的几家中药材科研单位开展了一些相关方面的研究工作，但成果多数未能在生产上发挥作用。生产上使用种子种苗大多沿袭多年的农家品种或刚被驯化的野生类型。变异分化、退化严重，产量低下。至于种子种苗的繁育推广和经营方面更是令人担忧。与其他农作物的发展相比，中药材种子种苗涉及的资源收集整理和品种选育、种子种苗经营、种子种苗质量控制、管理体系和政策法规建设等方面还非常落后（见表1）。我国中药材种子种

**表 1　我国中药材种子种苗业与农作物种子业比较**

| 比较类别 | 比较项目 | 农作物 | 中药材 |
|---|---|---|---|
| 研究进展 | 种质资源收集评价 | 收集整理了 37 万多份，保存在国家种质资源库和资源圃 | 刚刚起步 |
|  | 新品种选育 | 育成农作物新品种 5 000 余个，农业增产贡献率 35% 以上 | 统计的 150 种栽培中药材中有育成品种不足 5% |
| 生产经营体系建设 | 原、良种繁育 | 由各级国有种子公司、私人种子公司、农业科研单位等形成生产经营体系 | 农户生产，个体商贩经营 |
|  | 加工包装 | 烘干、精选、分级、包衣、包装等基本实现专业化、自动化、机械化 | 简单包装、筛选、大麻袋包装、手工操作 |
| 质量体系建设 | 种子质量标准 | 农作物、牧草等大多数有种子质量标准和检测规程 | 尚没有系列国家标准 |
|  | 种子质量检测中心 | 体系完善，分布在全国 | 无 |

（续）

| 比较类别 | 比较项目 | 农 作 物 | 中 药 材 |
|---|---|---|---|
| | 政策法规体系 | 法规、政策、办法、标准等形成完整体系 | 没有专门条例或办法 |
| | 管理机构 | 已建立国家、省、地、县级种子管理体系 | 基本未纳入该管理体系 |
| | 国家审/鉴定制度 | 完善的审、鉴定制度和区试体系、审、鉴定品种才能用于生产 | 未纳入该体系、品种随意使用 |
| 管理体系与制度建设 | 植物新品种保护 | 农业、林业新品种分开管理、按保护名录申请保护 | 大部分中药材未列入保护名录 |
| | 种子抽检制度 | 常规性工作 | 无 |
| | 生产许可制度 | 获得许可才能生产，特别是杂交种 | 农户自行生产 |
| | 经营许可制度 | 获得许可才能经营 | 任意经营 |

（引自魏建和等，2005）

苗尚未形成独立产业，仍是中药材生产的附属，处于一种自产自销的原始生产状态，种子的假冒伪劣问题严重。

为使中药材生产稳步发展，保证中药材质量，国家有关部门应加强对中药材种子种苗生产经营的扶持和管理工作，借鉴农作物的种子工作经验，根据不同生产区域和适生中药材的种类分布情况，建立相应的中药材种子种苗基地和中药材种子种苗经营部门，逐步使常用的中药材种子种苗生产经营向"四化一供"（种子生产专业化、加工机械化、质量标准化、品种布局区域化和以主产区或主产县为单位组织统一供种）方向发展。

# 三、种子繁育和使用的基本知识

## 26. 良种繁育有何作用？

　　良种繁育是一门研究保持品种种性和优质种子生产技术的科学，指有计划地、迅速地、大量地繁殖优良品种的优质种子（包括种用果实、无性繁殖器官）。

　　良种繁育是连接育种和农业生产的桥梁和纽带，是使育种成果转化为生产力的重要措施。没有良种繁育，育成的新品种就不可能在生产上大面积推广，其增产作用也得不到发挥；没有良种繁育，已在生产上推广的优良品种会很快发生混杂退化，造成良种不良，失去增产作用。

　　对种子经营者来讲，掌握了优质种子，才能提高竞争能力，获得良好的经济效益和社会效益；对种子使用者来讲，获得了优良品种的优质种子，就意味着丰收；对农业生产来说，量足、优质的种子是实现稳产高产的先决条件。因此，搞好良种繁育对农业生产具有十分重要的意义。

# 27. 种子有哪些繁殖方式?

（1）**有性繁殖** 分为自花授粉作物、常异花授粉作物和异花授粉作物三类。

①自花授粉作物：这类作物的自然杂交率在5%以内，种性容易保纯，自交不退化，不需严格隔离，留种时主要应注意防止机械混杂。在原种生产中大多采用单株选择法；而良种生产则常用混合选择法。属此类的作物有水稻、大小麦、豆科（蚕豆除外）、茄科等作物。

②常异花授粉作物：这类作物以自花授粉为主，异花授粉率在 5%～50%。种性保纯比自交作物稍难，留种时除防机械混杂外，还应注意与同种作物隔离。在原种生产中常采用多次单株选择法；良种生产则采用多次混合选择法。属此类的有棉花、蚕豆、辣椒、芥菜等作物。

③异花授粉作物：这类作物异花授粉率在50%以上，种性不易纯化，自交衰退严重，繁殖过程中必须严格隔离。在种子生产中常采用改良选择法，如混合—单株选择法、单株—混合选择法、母系选择法、亲系选择法、半分法等。属此类的有玉米、瓜类、白菜、甘蓝、萝卜等作物。

（2）**无性繁殖** 无性繁殖是利用母体营养器官的一部分如块茎、块根、鳞茎、匍匐茎、菌丝体、不定根、不定芽等作为繁殖材料，进行分生、扦插、压条、嫁接繁殖和组织培养快速繁殖及植物的无融合生殖等，使之形成一个新的个体。无性繁殖容易保持种性，但也有极少量变异，在繁殖过程中应进行适当选择，常采用营养系混合选择法、营养系单株选择法等。属于此类繁殖方式的作物有马铃薯、番薯、菊芋、藕、茭白等，大部分的果树和花卉也采用营养体繁殖后代。

# 28. 种子生产应注意哪些事项？

标准化的种子生产，主要包括种子生产田的建立、种株的管理、采种方法和技术、收获及采后处理等方面。

（1）种子田的建立

①选择适宜的生态区。要科学地规划和建立种子生产田，必须将其设在光照、温度、降雨量等生态条件较适宜的地区。一般农作物种子生产的理想地区应具有光照充足、温度与降雨量适中、无大风等良好的自然条件。夏季温度太高和冬季温度太低的地区通常不宜选作农作物种子生产基地。

②选择适宜的采、留种地。种子地的土壤结构与肥力应尽可能与农作物种株生长发育的要求相一致；不应有相同类型的农作物为前作以免造成机械混杂和生物学混杂；有条件的应进行土壤消毒，以

减轻土传病虫害对种子产量和质量的影响；种子田以地势较高、平整而便于排灌、隔离条件较好的地方为宜（见表2）。

表2 种子生产田的隔离要求

| 作物名称 | 原种生产（米） | 良种生产（米） |
|---|---|---|
| 小麦、大麦、水稻、大豆、花生 | 3 | 3 |
| 辣椒、芥菜、苋菜、高粱、玉米、油菜 | 400 | 200 |
| 棉花、黄麻 | 50 | 30 |
| 芝麻 | 100 | 50 |
| 蓖麻 | 300 | 150 |
| 萝卜、芜菁、白菜、甘蓝、花椰菜等 | 1 600 | 1 000 |
| 莴苣、扁豆、豇豆、菜豆、番茄 | 50 | 25 |
| 苦瓜、黄瓜、葫芦、西瓜、南瓜、西葫芦、笋瓜、甜瓜 | 800 | 400 |
| 胡萝卜 | 1 000 | 800 |
| 洋葱 | 1 000 | 400 |

（2）种株的栽培管理

①种子处理。种株栽培用的种子，在播种前通常需要经过适当的处理来防止种传病害、打破休眠、促进发芽等。种子处理的方式主要有：化学处理、干燥处理、浸泡处理等方式。

②选择适当的播种期。播种期的确定主要在于保证种株的发育和开花结籽能在最适当的季节。

③去杂去劣。在农作物营养生长期、开花期及成熟期及时对种株实行去杂去劣，以保证种子质量。

④辅助授粉。种株栽培中，由于实行了严格的隔离，所以需要辅助授粉，以保证种子生产的产量。纸袋隔离的，用人工辅助授粉；温室、大棚隔离的，除人工辅助授粉外，可释放蜜蜂或蝇类协助授粉。

⑤施肥与灌溉。种株栽培中的施肥与灌溉应以提高种子的产量和质量为目标，注意控制氮肥用量，增施磷、钾肥，采取湿润灌溉的方法。

⑥注意病虫防治。从以下三方面对病虫害进行控制：一是进行种子消毒处理；二是及时喷药防治；三是经常性地淘汰感病种株。

# 29. 良种繁育有什么制度？

为了保证种子的质量，必须建立分级繁育制度，就是在种子生产中设置专门的留种地，按照一定的技术规程逐步扩大繁殖，生产出不同级别的种子。

我国的分级繁育方式主要有以下两种：一种是分为原原种，原种、良种和生产用种四类，其中原原种是育种家种子，生产用种是商品种，由良种繁育而成；另一种是分为原原种、原种、良种三类，其中原原种是育种家种子，良种是商品种。2008 年又重新修订和颁布了禾谷类种子、纤维类种子和油料种子质量标准，种子级别只分原种和大田用种两类。

# 30. 良种繁育应遵循哪些程序？

良种繁育的基本程序是育种家种子产生原种，原种产生良种（大田用种）。

原原种即育种家种子，是育种家育成的遗传性状稳定的品种或亲本种子的最初一批种子，用于繁殖原种种子。标准原种是由育种家种子繁殖的第一代至第三代，用于繁殖良种种子。良种（大田用种）是常规种原种繁殖的第一代至第三代，或由原种的亲本繁殖的杂交种，用于大田生产。

# 31. 如何生产原种种子？

（1）用育种家种子生产原种　将育种家种子播于原种繁殖圃内，在各生育期鉴定各个种株，拔除杂株；注意严格隔离；采取有效扩大繁殖系数的措施；混合采种，并严防机械混杂。所收原种继续扩繁成原种一代，原种一代再扩繁成原种二代，经田间鉴定和室内检验后，如符合标准可用于繁殖良种。

（2）用"三圃制"生产原种　三圃制生产原种又称株系选优提纯生产原种，即单株选择、分系比较、混系繁殖的方法。

①选择优良单株。将生产原种的基本材料种植到选择圃中，选择典型的优良单株，单独采收，且要有一定数量的中选株数。

②株（穗）行比较。将入选的单株（穗）种植于株（穗）行圃，进行比较鉴定。根据品种的典型性、抗逆性、整齐度及其他经济性状进行初选；在收获时进行决选。将入选的行分行收获，脱粒考种。

③株（穗）系比较试验。将上年入选的各单系播于株（穗）系圃，每系一区，顺序排列两次重复，对其典型性、丰产性、适应性等作进一步比较。经去杂去劣，选择优良的株系，采用混收。

④混系繁殖。将上年入选的株（穗）系种子混合种于原种圃，扩大繁殖，繁殖田要隔离安全，土壤肥沃，并采用增大繁殖系数的栽培技术措施繁殖原种。生育期间，严格去杂去劣，所获得的种子即为原种，该原种可根据需要继续繁殖一两代，获得原种一代、原种二代，然后繁殖良种。

## 32. 如何生产杂种种子？

所谓杂种品种是指经过亲本的纯化、选择、选配、配合力测定等一系列试验而选育的优良杂交组合，又称 $F_1$ 杂种。目前生产上主栽的水稻、玉米、高粱、甘蓝、大白菜、黄瓜、番茄、甜椒等作物品种绝大多数为杂种品种。杂种制种实际上包括两方面工作：一是亲本繁殖与保纯；二是配制杂种一代种子。亲本繁殖除雄性不育系需有保持系配外，其他均与定型品种采种法基本相同。只是隔离要求更加严格。生产杂种一代种子需要由两亲本相间种植进行杂交，其原则是杂种种子的杂交率要尽可能高。这便要求母本严格去雄、或自交不亲和、或雄性不育，以防止自交或同胞交配的发生，从而保证杂种种子的质量。根据防止自交或同胞交配发生的措施不同，杂种一代制种法可概括为以下几种：

（1）人工去雄制种法　即用人工去掉母本的雄蕊、雄花或雄株，再任其与父本自然授粉或人工辅助授粉从而配制杂种种子的方法。此法因费工费力，实际上只应用于玉米、茄果类、瓜类、菠菜等作物上。

人工去雄制种的具体方法是将所要配制的 $F_1$ 组合的父、母本在隔离区内按适当比例相间种植，一般母本比例高于父本。生长过程中亲本均需去杂去劣；开花时对母本实施严格的人工去雄，即雌雄同花者去掉雄蕊，雌雄同株异花者摘去雄花，雌雄异株者则拔去雄株。然后，任隔离区内自由授粉或加以辅助授粉，从母本植株上采收的种子即为所需的 $F_1$ 杂种种子。

（2）利用自交不亲和系制种法　即利用遗传稳定自交不亲和系作亲本（母本或双亲），在隔离区内任父母本自由授粉而配制一代杂种的方法。此法不用人工去雄，经济简便，只需将父母本在隔离区内隔行种植，任其自由授粉即可获得一代杂种种子。

当父母本都是自交不亲和系时，正反交杂种种子均可利用，所以种子产量高，成本低。此法在具有自交不亲和性的作物中广泛采用。

（3）利用雄性不育系制种法　即利用遗传性稳定的雄性不育系做母本，在隔离区内与父本按一定比例相间种植，任其自由授粉或加以辅助授粉而配制一代杂种种子的方法。此法不用人工去雄，简单易行，生产的杂种种子的真杂种率高，生产上被广泛采用的农作物有水稻、高粱、洋葱、大白菜、萝卜、番茄、辣椒等。利用雄性不育系制种必须有一个前提，即首先解决不育系（A系）、保持系（B系）的配制问题，还须育成恢复系（R系），以解决"三系配套"（图1）。

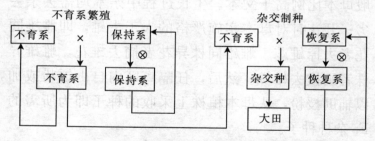

图1　三系法杂交水稻亲本繁殖和制种示意图
⊗表示自交　×表示杂交

两系杂交稻通常利用光温敏核不育系和恢复系配种杂交而成。光温敏核不育系通常有 5%～10% 的可育花能自交结实，从而保持雄性不育特性，但其可育与不育特性受温度和光照所控制。这种不育材料，不育花起了雄性不育系的作用，能接受恢复系花粉而产生杂交种。可育花能自交结实，又起到了保持系的作用，所以能一系两用（图2）。

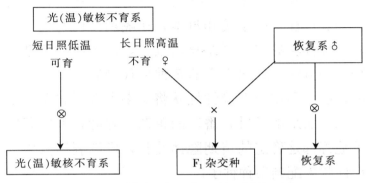

图2 两系法-基于光（温）敏核不育
水稻的杂交制种示意图

（4）利用雌性系制种法 是指选育利用作物只生雌花不生雄花的稳定株系（雌性系）作母本，在隔离区内与父本相间种植，任其自由授粉以配制一代杂种种子的方法。一般采用3：1的行比种植雌性系和父本系。在雌性系开花前拔除雌性较弱的植株，强雌株上若发现雄花及时摘除，以后自雌性系上收获的种子即为一代杂种种子。目前此法已在黄瓜上采用。

（5）利用雌株系制种法 即在雌雄异株的作物中，利用雌二性株系或雌株系作母本，在隔离区内与另一父本系杂交以配制杂种种子的方法。一般将雌株系和父本系按 4：1 左右的行比相间种植于隔离区内，任其自然授粉，以后雌株上收获的种子即为一代杂种种子。此法已在菠菜等作物上采用。

（6）利用苗期标记性状制种法　即选用作物有苗期隐性性状的系统作母本，在隔离区内与具有相对显性性状的父本系统自由杂交，以配制一代杂种种子的方法。此法生产的杂种后代中有大量的假杂种，但可利用苗期隐性性状将假杂种及时排除。如西瓜、甜瓜的裂叶，番茄的黄苗，薯叶，大白菜的无毛等都是稳定的苗期隐性性状，可以利用其作标记性状来配制杂种种子。

（7）化学去雄制种法　即利用化学药剂处理母本植株，使之雄配子形成受阻或雄配子失去正常功能，而后与父本系自由杂交以配制杂种种子的方法。目前应用的杀雄剂有乙烯剂、青鲜素、奈乙酸等十多种。其中以乙烯剂处理抑制黄瓜、瓠瓜雄花在生产上已广泛应用。

## 33. 如何做好种子收获与采后处理？

收获是种子生产的另一个重要环节。种子收获时期、方法及程序等对种子的纯度、播种品质等都有影响。种子收获后，还须按照一定的标准和一定的操作规程进行精选、干燥、贮藏等处理，才能自始自终保证种子的质量。

# 34. 种子如何贮藏?

种子的安全贮藏应从提高种子自身的耐藏性和创造适宜的贮藏环境条件两个方面入手。

（1）提高种子自身的耐藏性

①选择种子适宜的采收期。一般应在作物完熟期采收种子。过早采收，种子的营养积累不充分，生活力偏低，不利于安全贮藏；过迟采收，易受不利天气影响，造成种子生活力下降，甚至出现穗上发芽。

②把握种子适宜的干燥度。干燥是种子贮藏的关键。新收获的种子往往含有较多的水分，必须经过干燥才能贮藏（表3）。

表3　几种作物收获与贮藏的适宜水分

| 作物名称 | 适宜收获的水分（%） | 安全贮藏的水分（%） | |
|---|---|---|---|
| | | 贮藏1年 | 贮藏5年 |
| 玉米 | 25～30 | 14 | 10～11 |
| 高粱 | 30～35 | 12～14 | 10～11 |
| 大豆 | 20～30 | 11.5～12.5 | 8～9 |
| 小麦 | 18～20 | 13～14 | 11～12 |
| 稻谷 | 20～27 | 12～14 | 10～11 |
| 棉花 | 23～26 | 8～9 | 6～7 |
| 大麦 | 18～20 | 13 | 11 |
| 燕麦 | 15～20 | 14 | 11 |
| 黑麦 | 16～20 | 13 | 11 |

值得注意的是，我国北方地区寒冷干燥，种子容易贮藏，可按上述标准执行，而南方地区高温潮湿，种子难以贮藏，应按贮藏五年的种子水分标准执行。

③合理采用种子干燥方法。种子干燥方法很多，一般农户多采用自然干燥、种子生产企业也有采用人工机械干燥。

自然干燥主要依赖干燥的气候条件。一是脱粒前干燥，如玉米在收获前站秆扒皮、高茬晾晒、立椿挂晒和玉米搂籽通风穗藏等形式。二是晒种，利用水泥晒场和竹簟等垫衬物晒种。水泥晒场升温快，夏季晒种温度高，对一些不耐高温的作物种子的生活力有一定影响。三是风干，即采用过风、摊晾、倒垛的方法。

（2）创造适宜的贮藏条件

①种子仓库。隔热隔湿，便于通风或密闭，安全牢固，有利于防虫、防鼠、防雀、防火，经济适用。

②种子入库。种子入库前进行清仓消毒，不同批次种子严格分开，分别挂好标牌。

③贮藏管理。种子贮藏管理的基本原则是千方百计保持种子干燥、低温、密闭的贮藏状态。外界空气温湿度低时，可开仓通风，一般情况下保持密闭状态。每季度要检测一次水分、发芽率和仓虫，

发现种子水分过高，要及时翻晒；有仓虫为害的，可投放磷化铝片封仓杀虫。

# 35. 如何做好种子处理？

种子处理是种子播种前采用的物理、化学或生物处理措施的总称。包括精选、晒种、种子消毒、药剂处理、生长调节剂处理、浸种、催芽等。目的是促使种子发芽快而整齐、幼苗生长健壮、预防病虫害和促使某些作物早熟。

（1）精选 在种子晒干扬净后，采用粒选、筛选、风选和液选等方法精选种子。种子精选目的是消除秕粒、小粒、破粒、有病虫害的种子和各种杂物。

（2）晒种 利用阳光曝晒种子。具有促进种子后熟和酶的活动、降低种子内抑制发芽物质含量、提高发芽率和杀菌等作用。晒种时，选择晴好天气，连续晒2～3天，温度高可少晒1～2天，温度低可多晒，但不能在高温的水泥地上晒种。

（3）种子消毒 采用物理或化学方法处理种子，以达到灭菌防病的目的。常用的物理方法是温汤烫种，把种子浸入55℃的热水中，边浸边搅动30分钟左右，冷却后再浸种2小时，种子表面的病菌基本上被杀灭。药剂处理通常用100倍的福尔马林液浸种30分钟，或用50%多菌灵500倍液浸种1小时，也可用 10％的磷酸三钠浸种 20 分钟，然后充分冲洗干净，对防治病害有一定的效果。

（4）药剂处理

①药剂浸（拌）种。将药剂、肥料和种子混合搅拌后播种，以防止病虫为害、促进发芽和幼苗健壮。方法分干拌、湿拌和种子包衣。

②棉籽的硫酸脱绒。棉籽硫酸脱绒有防治棉花苗期病害和黄萎、枯萎病的作用，又便于播种，这是目前防止棉花种子带菌的有效方法。同时，处理时由于用清水冲洗，还可将小籽、秕籽、破籽、嫩籽及其他杂质漂浮在水面清除，达到选种的目的。

（5）生长调节剂处理

①赤霉素处理。许多种子经处理后可提早萌发出苗，并有不同程度的增产效果。赤霉素处理种子的浓度一般为 10～250 毫克/千克（或升），时间以 12～24 小时为宜。如用 20 毫克/千克（或升）浓度赤霉素溶液处理高粱、大豆、棉花、水稻种子能加速发芽，提高出苗率。

②三十烷醇处理。三十烷醇是一种新型的植物生长调节剂，用 0.01～0.1 毫克/千克（或升）的溶液浸种 12～24 小时，能促使种子萌发，提高发芽势和发芽率。

（6）硬实处理　种子的硬实处理是用粗砂、碎玻璃、碾米机等擦伤种皮厚实、坚硬的种子（如草木犀、紫云英、菠菜等种子），以利吸水发芽。

# 36. 使用包衣种子时应注意哪些问题？

种子包衣技术是一项投资少见效快的农业技术。为了使农民朋友能够正确、有效、安全地使用包衣种子，这里提醒注意以下几点：

（1）安全放置　购回包衣种子后，置放于安全位置或作上标记，禁防人畜误食或作为饲料。

（2）包装物处理　包衣种子盛装物或包装袋必须彻底干净清洗（至无气味）或埋入土中处理掉。

（3）安全使用　使用包衣种子后及时清洗衣服、手、脸以免中毒。一是包衣种子一般有剧毒，只能做种子用；二是播种包衣种子时要穿防护服，戴防护手套。搬运包衣种子及播种时不得喝水、吃东西、抽烟、用手擦脸，播种后立即用肥皂水洗净手、脸。如发现头昏、恶心等中毒症状，应远离现场，并及时送医院抢救治疗。

（4）不宜浸种催芽　因为种衣剂溶于水后，不但会使种衣剂失效，而且溶水后的种衣剂会对种子的萌发产生抑制作用。

（5）不宜用常规方法测定发芽率　因为包衣种子的发芽率试验技术相对较复杂，技术要求较高，一般不易掌握，直接播种即可。这是因为包衣种子在出厂前都要经过严格的质量检测，只要使用方法正确，一般是不会发生质量问题的，可放心使用。

（6）不宜立即施用除草剂　包衣种子播后不宜立即施用敌稗类除草剂，如要使用需在播前3天和播后30天再用。

（7）不宜用于盐碱地　因为种衣剂遇碱即会失效，在土壤酸碱值大于8的地块上不宜使用包衣种子。

（8）不宜用于低洼易涝地　因为包衣种子在地下水位高的土壤环境条件下使用，极易造成包衣种子酸败腐烂。

## 37. 蔬菜有哪些育苗方式？

育苗是蔬菜栽培的重要环节之一，特别是在高度集约化生产条件下，育苗的作用更为突出。从生产角度看，蔬菜育苗主要有以下几种方式：

（1）土壤（苗床）育苗　先在播种床内培育2～3片叶的小苗，再把小苗分栽到分苗床中，培育成栽培用苗。此法操作简单，费用低，是农村应用最多的育苗法。缺点是伤根严重，不宜培育大苗。

（2）营养钵育苗　先在播种床内密集培育小苗，再把小苗分栽到营养钵内培育成大苗，也可将种子直接播在穴盘内一次性成苗。优点是秧苗根系完整，定植后一般不需要缓苗，有利于早熟，是理想的育苗法，适用于培育大龄秧苗早熟栽培。

（3）穴盘育苗　穴盘育苗是在多孔穴盘中以草炭、蛭石、珍珠岩等混合轻型材料为育苗基质进行精量播种，通常一穴一粒，一次性成苗，是一项快速度、高质量地培育出优质壮苗的新型蔬菜育苗技术。由于穴盘育苗采用商品育苗基质一次装盘，无需配制营养土，既适合集约化育苗，又能用于分户生产，与传统的营养钵育苗相比，基质穴盘育苗具有显著的优越性。

（4）嫁接育苗　是将栽培品种的苗穗，嫁接到砧木的根茎上，由砧木的根茎和栽培品种的苗穗一起组成一株新的秧苗。嫁接育苗法主要用于栽培时间比较长、重茬严重的保护地栽培。

（5）工厂化育苗　是在人工控制环境条件下，按一定的农艺流程，实行机械化作业，技术集约化、设备适用化、生产规模化、经营产业化的育苗方式，是现代蔬菜育苗业发展的方向。

# 第二部分
# 优良种子的使用与
# 假冒伪劣种子的鉴别

三农热点面对面丛书

# 一、水稻

## 38. 水稻有哪几种类型？

按照植物学分类划分，我国种植的水稻品种都属于亚洲栽培稻。亚洲栽培稻有两个亚种，即籼亚种和粳亚种，也就是我们通常所说的籼稻和粳稻。粳稻中又包括两个生态型，即温带粳稻和热带粳稻。热带粳稻也叫爪哇稻，主要分布于东南亚一带。温带粳稻就是我们通常所说的粳稻。我国北方种植的水稻，基本上都是温带粳稻。

我国南方各省无霜期长，有些省份甚至无霜，终年均可种稻。因此，这些地方种植的水稻，一般按生长季节的不同划分为早稻、中稻和晚稻。北方稻区种植的均属于早粳或早熟中粳类型。

此外，同一类型品种又可根据栽培方式不同分水稻和陆稻；根据直链淀粉含量的多少分为黏稻（非糯稻）和糯稻；根据生育期长短分为早熟品种、中熟品种和晚熟品种等。

杂交稻，按照种子生产的途径不同，可分为三系杂交稻、两系杂交稻和化杀杂交稻等类型。三系杂交稻即利用不育系、保持系和恢复系三系配套生产杂交稻种；两系杂交稻即利用光温敏核不育和恢复系生产杂交稻种子；化杀杂交稻即利用化学物质杀雄生产杂交稻种子。

　　按照亲缘关系，杂交稻又可分为杂交籼稻、杂交粳稻、籼粳亚种间杂交稻等不同类型。杂交籼稻的父母本遗传背景主要为籼稻，杂交粳稻的父母本遗传背景主要为粳稻，籼粳亚种间杂交稻的父母本则分别为籼稻和粳稻。

# 39. 杂交稻与常规稻的主要区别是什么？

　　杂交稻利用的是杂交一代，田间外观上看是整齐一致的，但是遗传基础是杂合的。如果用杂交稻（$F_1$代）生产的稻谷做种子，$F_2$代会产生很大的性状分离，产量明显下降。因此，杂交稻必须年年换种。

## 知识点

　　杂种优势是指两个遗传组成不同的亲本杂交产生的杂种一代，在生长势、抗逆性、适应性、产量等性状方面具有比双亲优越的现象。杂种一代（杂交水稻、玉米杂交种等）具有很强的杂种优势，从遗传机理来说，由于杂种一代存在显性效应、超显性效应以及上位性效应等，所以具有杂种优势。

常规稻是纯合品种，其遗传基础基本上是一致的，田间外观整齐一致，上一代和下一代长势长相一样，产量也不会降低。因此，农民朋友可自行留种以备来年使用。

## 40. 如何选择优质稻品种？

生产优质稻谷的前提是正确选择优质稻品种，必须综合考虑适应性、丰产性、抗逆性和优质等原则，选择外观品质、碾米品质、食味品质和营养品质都符合优质米标准，以及产量高、抗性强的品种。此外，还必须注意以下几点：

（1）品种的生育期必须适宜　灌浆结实期的环境条件尤其是温度对稻米品质有重要影响，灌浆结实期温度过高或过低都会使碾米品质、外观品质和食味品质下降。选择品种要根据当地积温和气候变化规律，使灌浆结实期处于最佳环境条件下。

（2）生产不同的优质米应选择不同类型的品种　生产一般优质米时，除考虑品种的米质外，还要兼顾品种的产量性状，选择产量潜力高的品种。如果生产绿色食品大米，由于在生产过程中要严格控制化肥和农药的施用量和使用次数，因此要选择抗病性强的品种。如果生产有机食品大米，就要选择高光效、分蘖力强和抗病性强、抗逆性好的品种。

（3）考虑稻米的时代特征和地域特征　由于地

域饮食习惯不同对稻米的要求也不同，如我国北方和日本市场喜欢口感偏软短粒米品种，南方市场偏爱中粒或长粒的粳稻品种，东南亚国家则要求米的胀性好。另外，市场对稻米的要求也在不断变化和发展。

（4）选用通过国家或省级品种审定委员会审定并在当地示范成功的品种。

**知识点**

优质稻品种是指在产量、抗性和米质等方面都能满足水稻生产的需要，碾米品质、食味品质、营养品质和产量在不同年份间表现比较稳定，质量符合相应优质稻品种标准的水稻品种。在碾米品质中，要求整精米率达到国家优质粳稻谷一级指标 66%以上；在外观品质中，要求垩白米率达到国家优质粳稻谷二级指标 20%以下；食味品质优良。由于不同地区对粒型和食味嗜好不同，稻米品种的品质又具有多样性，因此，不同地区有不同的优质品种。

# 41. 如何判断和选择优良品种？

优良品种应具备高产、稳产、优质、抗逆和适应性广泛等特点。优良品种的产量不仅要比生产上主推品种高，而且在不同的年份之间变动的幅度要小。优质是指要达到国家农业部颁发的优质稻谷标准或省级优质稻谷标准。抗逆是指品种抗稻瘟病和白叶枯病、抗旱及耐冷、抵御不良环境的能力，适应于不同的地区和年份。

一个品种的优劣，一定要与原先种植的品种或生产中应用面积较大的品种进行比较来判断。通过比较试验，单打单收，比较新老品种在产量、抗性、品质等各个方面的差异，评价新品种的综合表现是否优良。另外，也要注意新品种的特征特性和栽培技术要点，通过与之相适应的配套栽培方式，才能把一个优良品种的优良特性表现出来。

## 知识点

什么是超级稻？

超级稻是指采用理想株型与优势利用相结合的技术路线培育成的产量潜力大、品质与抗性好的水稻新品种，采用配套的超高产栽培技术后比现有一般品种在产量上有大幅度提高。超级稻品种在产量、品质和抗性等方面都有具体的指标要求。在我国，超级稻一般需要通过农业部评审认定，各项指标达到标准的品种，才能认定为"超级稻"品种。截至 2009 年，通过农业部认定的超级稻品种已达80 个，如两优培九、丰两优香 1 号、新稻 18 号、中浙优1 号等。

## 42. 选购水稻种子要注意哪几方面问题？

一看说明书或品种简介。优质稻种均有说明书或品种简介，其内容包括种植茬口、适宜种植的区域、全生育期和分蘖指标等。无说明书及品种简介者，最好不要购买，以防上当受骗。

二看合格证。优质稻种均有检验合格证，其上标示检验日期、检验员编号、专用印章等。无检验合格证者，均为伪劣种。

三看包装。一般由市、县以上专业种子公司经销的种子或有关部门授权的科研所、乡（镇）农科站，外包装都比较规范。如袋内所装稻种数量、产地及联系电话等均标示明确。

四查纯度。稻种的纯度，是衡量稻种质量最重要的一项指标。国家规定常规原种的纯度不低于99.9%、常规良种的纯度不低于98.0%，杂交种纯度不低于96.0%。

五看净度。优质稻种一般都经过多道工序风选和筛选，空秕粒、泥土、沙子等杂质含量都控制在0.0%～2.0%之间。杂质含量超过2.0%者，则为劣质种子。

六查含水量。合格稻种含水量要求为：籼稻不高于13.0%，粳稻不高于14.5%。简易的查验种子干湿度一般用牙咬，声音"嘣嘣"响而清脆，断面茬口光滑者，为优质种。

七观颜色、闻气味。优质稻种外表鲜净，呈黄色；近距离闻，具有稻谷特有的清香气味，无其他异味。

八观察种胚。优质稻种外观平滑光泽，种胚饱满充实，用手搓捻时，种胚有湿润感，并带浅绿色。劣质稻种种胚干瘪，颜色较暗。

九查发芽率。优质稻种发芽率要求为：常规稻不低于85％，杂交种不低于80％。发芽率低于上述标准者为劣质稻种。

十观察病变。稻种外壳呈黑褐色或有不规则的麻斑点，应仔细判断是否属于病害种。

# 43. 如何鉴别假劣杂交水稻种子？

一看整齐度。混有其他稻谷的杂交种子粒型不整齐，如混入的父本和其他籼稻明显比杂交水稻细长饱满，而粳稻谷粒则较圆。

二看谷壳色。杂交水稻种子谷壳上略带不均匀的黄褐色等生理性杂色，而父本保持系谷粒颜色较为一致，保持系和其他混杂谷粒比杂交水稻透明度高，谷壳比杂交水稻种子光滑。

三看柱头痕迹。非杂交水稻谷粒因多属于自花授粉，雌蕊柱头痕迹遗留在谷壳内部，剥开谷壳在米粒顶部可见一点浅黑色的柱头痕。而杂交种属异花授粉，柱头外露，仔细观察谷粒内外稃夹缝中间，可发现一点不明显的小黑眯即柱头痕迹，这是识别杂交水稻种子和其他稻粒的重要依据。

四看染色测定。方法是把稻谷去壳，胚部切成两半，取每粒的一半洗净放入稀释成 60 倍的红墨水中浸渍，1 小时后取出用清水冲洗，如果种胚没染色或染色较浅，证明种子有生命力；若染色较深，证明种子已丧失活力。这样便可以识别出杂交水稻种子里不发芽的变质种子。

五看种子净度。用手搓一下种子，手指沾有细粉状物，或种子中空秕粒、泥土、沙子、桔秆等杂质较多，说明种子净度偏低。

六看种子含水量。简便的方法用牙咬谷粒，如有尖脆响声，则说明种子含水量偏高。

七看种子标签。按国家规定，种子标签标注不明或内容不齐全的，均为假劣种子。

## 44. 水稻陈种能不能使用？

生产用的种子，不仅要求发芽率高，而且要求发芽势强，这样才能保证播种后苗齐苗旺，成苗率高，容易培育壮苗，为高产奠定良好的基础。种子储藏年久，尤其在湿度大、气温高的条件下储藏，种子容易丧失生活力，常温下水稻种子寿命一般只有两年。种子含水率在 13% 以下，储藏温度在 0℃以下，可以延长种子寿命，但种子成本会大大提高。因此，常规稻一般不用隔年种子。只有生产技术复杂，种子成本高的杂交稻种，在保管条件较好、发芽率符合标准的情况下也能使用。

**专家告诉你**

在贮藏和保管水稻种子时必须注意两点：一是温度越低越好；二是水分越少越好。农民可以按此原则将种子存放在低温干燥处。此外，水稻种子不宜与大豆、肥料、农药放在一起。保管种子时应固定在一个地方，尽量保持恒温。

## 45. 水稻引种应注意哪些问题？

水稻品种的区域适应性是十分明显的，一个品种有它一定的适宜种植区域，越区种植是很危险的。水稻品种的这一特性是由其本身所固有的感光性和感温性决定的。

水稻属于短日照植物，在它的生长发育过程中，缩短白天的光照时间，延长晚间的黑暗时间，它的生长发育就将加快，生育期变短，植株变矮，穗子变小，产量降低。反过来，延长白天的光照时间，缩短夜间的黑暗时间，则水稻品种的生育期就将延长，甚至不出穗，成为大青稞而无收成。温度对水稻生长发育也有相同的影响。由于水稻品种的温光反应十分复杂，希望农民朋友最好不要自己盲目从外地引种，免得引入不适宜的品种造成损失。如果确有条件引入品种，也要注意以下几个问题：

①引入的品种原先种植地区的光照和温度要与

本地区相近。一般纬度相近地区间相互引种较容易获得成功。

②引入的品种最好是对光温反应不敏感的品种，比如早稻品种。

③引入的品种一定要先经过小区试验种植，最好是通过科研部门的试验鉴定来检验品种的适应性。

# 二、玉 米

## 46. 玉米主要有哪几种类型？

根据玉米籽粒成分和用途，可将玉米分为特用玉米和普通玉米两大类。普通玉米多做饲料和粮食。特用玉米一般指糯玉米、甜玉米、高赖氨酸玉米、高油玉米、青贮饲料玉米等。甜、糯玉米多做鲜食、部分用于加工。

> **知识点**
>
> 鲜食玉米主要为甜玉米和糯玉米。甜玉米，又称水果玉米或蔬菜玉米，既可以煮熟后直接食用，又可以制成各种风味的罐头、加工食品和冷冻食品。甜玉米之所以甜，是因为乳熟期甜玉米籽粒含糖量高，一般可达 10% ～18%。甜玉米又分普通甜玉米、加强型甜玉米和超甜玉米 3 类。糯玉米，又称黏玉米，其胚乳淀粉几乎全由支链淀粉组成。糯玉米具有较高的黏滞性及适口性，可以鲜食、制罐头或加工糯玉米淀粉。

**特别关注**

中国特用玉米种植业发展迅速

经农业、科研部门不懈努力，中国特用玉米种植业近年来获得较大发展，全国仅鲜食玉米年种植面积就已超500万亩。

特用玉米是具有较高经济、营养和加工价值的专用玉米品种，如鲜食玉米、药用玉米、观赏玉米等都属于特用玉米。通过深加工，特用玉米的终端产品可实现较大幅度的增值，种植效益高，因此有"增值玉米"之美称。

除甜玉米、糯玉米、爆裂玉米等传统特用玉米品种外，近年来中国正逐步研究和推广了高油玉米、优质蛋白玉米、高淀粉玉米和极早熟青食玉米等新品种。2001年以来，全国已审定玉米新品种200多个，其中特用玉米新品种就多达80余个。近年来中国特用玉米的研究、种植技术都已取得较大进展，部分领域已接近和达到世界先进水平，产业已经初具规模。

# 47. 玉米杂交种有哪几种类型？

玉米种子有单交种、双交种、三交种和综合品种等类型。其中又以玉米单交种优势最强、增产潜力最高，生产上应用最广泛。

**知识点**

单交种是用两个玉米自交系经一次杂交组配而成的杂交品种。其特点是性状整齐、产量高；制种较简单，但是制种产量不高、种子成本较高。

# *48.* 玉米引种应注意哪些事项？

玉米为短日照作物，同一品种南北不同地区种植会因日照时间差异生育期产生较大差别。北部品种往南引种往往会生育期大大缩短而减产；南种北引，则往往会表现延迟成熟或根本不能成熟。除考虑生态环境对玉米生长发育的影响外，还必须考虑玉米品种的抗性等其他特征特性。

## 特别提示

2007年5月广州市番禺区石楼镇华隆农场引种40亩"华珍"超甜玉米，到成熟期因种子质量问题严重减产，部分田块失收，损失超过10万元。

广州市农业局种子站郑康炎副站长接受记者采访时表示，甜玉米属主要农作物，必须经国家或省级农业部门审定后方可推广。而"华珍"甜玉米属进口品种，必须经过国家授权同意并颁发进口批文才可在内地经营。番禺地区一些种子店出售类似"华珍"甜玉米种子包装产品，在未经审定通过情况下均属违法行为。经营者应负主要责任，如果双方协调不成，受害者可通过法律途径解决索赔问题。

# *49.* 如何选择玉米适宜种植品种？

良种是获取高产和质量的重要前提。在生产上，玉米选种要注意以下几条。

（1）**市场需求**　玉米消费主要是饲料、工业加工、鲜食等形式。工业加工主要是生产淀粉、玉米油等产品。高淀粉型、高油型的玉米利于加工业收购。鲜销要考虑不同地区消费习惯，如上海、江苏等地区消费者喜欢糯玉米，而广东、浙江中南部等地区喜欢甜玉米。

（2）当地气候条件　以保证安全成熟为前提，选用比当地积温少150℃左右、霜前5～7天能成熟的品种。

（3）栽培方法　若采取密植的生产方法，应选用叶片收敛的品种。反之，稀植应选用棒大的品种。

（4）地块条件　玉米生产虽也需水，但不耐涝。若是种在低洼地，应选用比较抗涝的品种为宜。

---

**特别提示**

2010年四川省威远县严陵镇蒋某从未种过玉米笋，只听卖种子的人说如何好种高产，能卖好价钱，在没有搞清当地市场需求或有订单情况下，盲目种植了"玉米笋"，结果亩产不到300千克，应市后少有居民问津，收成仅七八百元，造成损失。

玉米笋为禾本科玉米，是作蔬菜用的甜质型玉米。玉米笋的植物学特征与普通玉米没有本质的区别，只是植株稍矮小、分蘖力强、叶片较多、果穗较小、苞叶较长。从以上特征来看，威远种玉米笋没问题，只是产量不高，一般每亩在200～300千克。该农户种植玉米笋效益差主要原因是售价太低，作为一种新生事物，还没被人们普遍接受。

**专家告诉你**

引入一个新品种有一定的风险性，一是种植风险，二是销售风险。种植风险可以通过土壤、气候等的调查以及种植技术来降低，但销售风险就很难预计。一个新品种，有可能消费者会立刻喜欢，也有可能需要培育相当的时间。因此，散户开发新品时最初的种植面积最好不要太大，这样可以降低风险。同时，种植户也可以做些市场营销工作，比如印发玉米笋的菜谱，这样可以帮助消费者尽快接受新品。

# 50. 购种时如何判定玉米种子真伪优劣？

农民朋友购买玉米种子时，除了应仔细检查包装、种子标签、品种是否通过审定等常规项目外，还可通过"观形、辩色"方法对玉米种子质量进行简单鉴别，不同的玉米品种它的粒型、粒色、粒质、顶部形态、种子胚的凹陷程度区别很大，质量好的玉米种子，它首先应该是种子籽粒大小均匀一致、饱满度好、整齐度好。

普通玉米杂交种，籽粒类型可分为马齿型、半马齿型和硬粒型三种。从外形来分，有长木楔、木楔、短木楔、近圆、圆肾形。如果自交系或杂交种中混入了异品种种子，则可以根据籽粒的类型而鉴别。杂交种的形状、大小一般都像母本种子。一般一个制种区的玉米杂交种形状大小比较均匀一致。二代种子比较均匀一致，但与杂交种相比，种子粒大、扁平、颜色浅，购种时应往意。玉米种的颜色通常有红、黄、白、紫等，纯度越高的种子颜色越均匀一致。种子胚最下端（农户常说的玉米嘴子），常带有从玉米轴上脱落下来的鳞片，不同的轴色具有不同颜色的鳞片，也是区别玉米品种的依据点。

购买时看种子有无光泽可作判断种子新陈依据之一，色泽鲜亮是新收获的种子，色泽较暗的种子可能是隔年陈种，一般发芽率较低。

以上所述主要依据外观情况进行初步判断，最终农民朋友购买的玉米种子是否合格，必须符合国家种子质量标准规定的最低要求（表4）。

表4　玉米种子质量国家标准，

GB 4404.1—2008（％）

| 作物名称 | 种子类别 | | 纯度 不低于 | 净度 不低于 | 发芽率 不低于 | 水分 不高于 |
|---|---|---|---|---|---|---|
| 玉米 | 常规种 | 原种 | 99.9 | 99.0 | 85 | 13.0 |
| | | 大田用种 | 97.0 | | | |
| | 单交种 | 大田用种 | 96.0 | | | |
| | 双交种 | 大田用种 | 95.0 | 99.0 | 85 | 13.0 |
| | 三交种 | 大田用种 | 95.0 | | | |

# 51. 玉米种子可以留种吗？

　　除少数山区仍采用农家品种外，种子市场上供应生产的玉米种子都是杂交种，玉米杂交种基本上又为单交种。所谓单交种是由两个自交系组配而成，杂交种只有第一代才会表现出杂种优势，表现为生长整齐健壮、抗性强、增产显著。杂种一代植株所产生的种子为杂交种第二代，二代种如用于生产，长出的植株会极不整齐，在遗传上表现分离现象，导致严重减产。一代杂交优势越大，其后代（第二代）减产会越显著。

　　部分农民群众看到一代杂交种种子长出的玉米生长整齐一致、穗大粒多高产，误认为可下季再种，就秋后自己留种第二年再种，结果会造成巨大损失。

# 三、大小麦

## *52.* 大小麦有哪几种类型？

（1）小麦可按以下方式进行分类

①按播种季节可分为冬小麦和春小麦两类：冬小麦是秋季播种次年夏季收获；春小麦是春天播种秋季收获。

②按皮色可分为白麦和红麦两类：白麦表皮呈白色、黄白色或乳白色，皮薄、加工小麦粉出粉率高、粉色白；红麦表皮呈深红、淡红或棕色，皮厚、加工小麦粉出粉率低、粉色差。

③按粒质可分为硬质和软质两类：麦粒横断面组织紧密，胚乳呈透明状的为硬质小麦；麦粒横断面组织疏松，呈粉白色的为软质小麦。

④按品质可分为 3 种类型：

强筋小麦：籽粒硬质，蛋白质含量高，面筋强度强，延伸性好，适于生产面包粉以及搭配生产其他专用粉的小麦。

中筋小麦：籽粒硬质或半硬质，蛋白质含量和面筋强度中等，延伸性好，适于制做面条或馒头的小麦。

弱筋小麦：籽粒软质，蛋白质含量低，面筋强度弱，延伸性较好，适于制做饼干、糕点的小麦。

⑤按国家标准规定分为 5 类（GB 1351—2008《小麦》）：

硬质白小麦：种皮为白色或黄白色的麦粒不低于 90％、硬度指数不低于 60％的小麦。

软质白小麦：种皮为白色或黄白色的麦粒不低于 90％、硬度指数不高于 45％的小麦。

硬质红小麦：种皮为深红色或红褐色的麦粒不低于 90％、硬度指数不低于 60％的小麦。

软质红小麦：种皮为深红色或红褐色的麦粒不低于 90％、硬度指数不高于 45％的小麦。

混合小麦：不符合以上规定的小麦。

（2）大麦可按以下方式进行分类

①按外观特征可分为有稃大麦和裸粒大麦：有稃大麦也称皮大麦，其特征是稃壳和籽粒粘连；裸粒大麦的稃壳和籽粒分离，也称裸麦，青藏高原称青稞，长江流域称元麦，华北称米麦等。

②按小穗发育程度和结实性不同可分为 3 个类型：

六棱大麦：穗轴每个节片上的 3 个小穗都能结实，各个小穗与穗轴等距离着生，穗的横切面呈正六角形。

四棱大麦：每节片上3个小穗都能结实，但中央小穗紧贴穗轴，两个侧小穗互相靠近，致使麦穗的横切面呈四角形。

二棱大麦：每节上仅中央能结实，侧小穗发育不完全，穗形扁平，形成两条棱角。

③按用途可分为3种类型：

啤酒大麦：大麦富含蛋白质、脂肪、糖类、纤维素和维生素，大麦籽粒和啤酒麦芽中富含氨基酸，是酿造啤酒的主要原料。

饲用大麦：大麦籽粒的粗蛋白、可消化纤维和赖氨酸含量均高于玉米，是家畜、家禽的好饲料；大麦还可以做青贮饲料，在灌浆期收割切段青储，柔嫩多汁，气味芳香，适口性好，易消化，营养价值高。

食用大麦（含食品加工）：大麦性甘咸，微寒，有益气健脾、和胃调中、止渴除烦之功效，大麦加工食品具有多种医疗和保健功能。大麦是藏族人民的主食；大麦仁还是"八宝粥"中不可或缺的原料；裸大麦中β-葡聚糖和可溶性纤维含量高于小麦，可做保健食品；"大麦茶"是朝鲜族人民喜爱的饮料。

# 53. 大小麦引种应注意哪些事项？

（1）明确的引种目的　根据需求明确引进品种

的类型；注意当地地力水平选用良种；注意耕作制度对引进品种的要求。比如水肥地力条件好的，应选用矮杆、抗倒伏、丰产潜力大的品种；旱薄地应选用耐旱、耐瘠能力强的品种。

（2）区域适应性　气候相似论是引种工作中被广泛接受的理论之一，凡是纬度、海拔高度、气候条件相近的地区相互引种一般容易成功。大小麦品种春化阶段和光照阶段要求的温度和光照条件，是引种的重要依据之一。

（3）坚持引种试验、繁殖、推广三步走原则引进的品种首先要在本地区具有代表性的土壤和耕作栽培条件下进行比较观察和鉴定试验，对其适应性、产量潜力、抗病性、品质等，作出全面的引种评估；参加品种比较试验和区域试验，然后繁殖、示范、推广；对生态条件差异较大地区的品种要特别重视多年、多点试验，明确其适应性、稳定性及栽培特点；引进品种从开始试验起就要对其采取保纯措施。

（4）严格检疫制度　异地引种首先要弄清品种产地有无病虫害检疫对象，比如小麦吸浆虫、线虫病、腥黑穗病、白粉病等，绝不能把带病的种子带到无病地区种植，引进的品种要有植保部门的检疫证书。

# 54. 大小麦种子优劣的简易鉴别方法有哪些?

(1) 外观形态鉴别　优质有生活力的种子种皮新鲜有光泽,胚部饱满;反之,无生活力的劣质种子,皮壳暗淡无光泽,种胚皱缩或暗黄褐色。健全种子籽粒发育充分、饱满,无病菌或虫蚀;反之,有病菌孢子附着或虫蚀痕迹的为劣质种子。

(2) 种子发芽力的鉴别　可用毛巾(纱布)卷法进行鉴别。用干净的毛巾或纱布煮沸消毒,冷却后把多余的水沥去(以拧不出水为宜),随机数取种子若干均匀地放置在毛巾上,粒与粒之间保持一定距离,毛巾的两端空出一定距离,以一根筷子为轴,将毛巾卷成棍棒状,不要卷得太紧,便于种子吸水膨胀和空气流通,卷好后两头用皮筋扎实,放到温度适宜发芽的地方,注意经常喷水保持湿润,3天后打开毛巾卷观察发芽势,7天观察发芽情况并统计发芽率。

(3) 种子含水量的简易鉴别　目测:干种子色深,外观新鲜有光质;而水分含量高的种子暗晦色,缺少光质。牙咬:干种子用牙咬时较费力,断裂声清脆,断面光滑;而含水量高的种子咬时不脆发黏,断面不光滑。指甲掐:干种子硬度高不易掐入;而含水量高的种子易掐入,手指间碾压种子易碎。

（4）种子净度的鉴别　用手插入麦种堆内，然后手掌朝上取出麦种，轻轻前后振动，使泥沙、碎石、秸秆、残叶、虫尸体落入掌心，估计种子含杂率。

（5）种子纯度的鉴别　种子纯度和真实性是划分种子质量级别的重要依据。种子形态特征是品种特性最稳定的性状之一，是鉴定品种的主要依据，可目测检验种子的色泽、腹沟特征、粒型是否一致和整齐程度来判断种子的纯度。也可送专门的种子质检部门作种子电泳鉴定，得出可靠的结论。

# 55. 如何购买大小麦种子？

（1）正确选择品种　一是选择通过审定并适宜本地区种植的品种；二是根据耕作制度、生产水平、自然灾害等特点来选择品种；三是根据品种特性确定适宜的播期和播量，合理购买种子数量。

图 3　杂质含量较高的小麦种子

（2）购买时当场验货检查质量　购买种子应到有合法经营许可、信誉良好的种子经销单位购买。购买时应注意当场查验质量，先查看种子包装是否规范，是否有标签和品种说明等，尽量不要购买散装种子。二是查验种子外观，主要看种皮是否色泽新鲜，种胚是否充实、籽粒饱满度、种子干燥程度、种子大小是否均匀、有无杂质等，还要查看种子形状、色泽是否一致，籽粒腹沟特征是否一致。三是开据发票，同时索要品种简介和栽培要点等资料。四是对购买的种子要妥善保管，并注意经常晾晒，以防种子水分增加和发生霉变，减少种子发芽率的变化。

图 4　小麦正常粒和　　　　图 5　大麦正常粒和
　　　瘪粒的比较　　　　　　　　瘪粒的比较

（3）是否符合国家种子质量标准规定的最低要求　大小麦种子质量标准见表5。

**表5　小麦和大麦种子质量国家标准，**

**GB 4404. 1—2008**（％）

| 作物名称 | 种子类别 | | 纯度 不低于 | 净度 不低于 | 发芽率 不低于 | 水分 不高于 |
|---|---|---|---|---|---|---|
| 小麦 | 常规种 | 原种 | 99.9 | 99.0 | 85 | 13.0 |
| | | 大田用种 | 99.0 | | | |
| 大麦 | 常规种 | 原种 | 99.9 | 99.0 | 85 | 13.0 |
| | | 大田用种 | 99.0 | | | |

**知识点**

草木灰贮藏麦种法

将贮藏麦种的器具，如木箱、缸、罐等洗净、晒干，在容器底部铺撒厚1~2厘米的草木灰，再按麦种与草木灰100∶1的比例，搅拌均匀后放置容器中，然后在麦种上面铺撒一层2~3厘米厚的草木灰。草木灰要用新鲜未受潮的稻草、麦秸烧制。

草木灰既能有效吸收麦种在贮藏期间放出的水分和二氧化碳，防止麦种受潮霉烂变质，还对麦蛾的卵和幼虫具有杀伤作用，防止麦种被害虫蛀蚀；用草木灰贮藏麦种，不影响麦种发芽，既可作种又可食用。草木灰贮藏麦种是安全、经济、方便的方法。

# 四、高粱

## 56. 高粱主要有哪几种类型?

生产上根据用途不同,将高粱分为粒用高粱、糖用高粱、工艺用高粱和饲用高粱四类。

(1)粒用高粱 以获取籽粒为目的。一般籽粒大而外露,易脱粒,品质较优。按籽粒淀粉的性质不同,分为粳型和糯型。在工业上高粱还可以酿酒、做醋、生产酱油、味精或提取单宁等。

(2)糖用高粱 茎高,分蘖力强;茎内富含汁液,随着籽粒成熟,含糖量一般可达 8%～19%;茎秆节间长,叶脉蜡质,籽粒小,品质欠佳。茎秆可作甜杆吃、制糖或制酒精等。

(3)工艺用高粱 穗大而散,通常无穗轴或有极短的穗轴,侧枝发达而长,穗下垂;籽粒小,有护颖包被,不易脱落。工艺用高粱的茎皮坚韧,有紫色和红色类型,是工艺编织的良好原料;此外,有的高粱类型适于制作扫帚,穗柄较长者可制帘、盒等多种工艺品。

(4)饲用高粱 茎秆细,分蘖力和再生能力强,生长势旺盛；穗小，籽粒有稃，品质差；茎内多汁，含糖较高。

# *57.* 如何选择高粱适宜种植品种？

（1）考虑品种熟期 无霜期长的地区，可选用晚熟品种；无霜期短的地区，可选择早熟品种。

（2）考虑产品用途 酿酒或酿醋应选择淀粉含量高、单宁含量较高（1％左右）的红粒品种；食用或饲用高粱应选择适口性好、着壳率低、角质率60％～80％，蛋白质含量10％以上、单宁含量低（≤0.4％）的品种；能源用应选择茎秆含糖量高的甜高粱品种，一般株高应在3米左右，平均汁液糖度15％以上；青饲料用应选择适口性好、分蘖与再生能力强、幼苗氢氰酸含量低的草型高粱品种。

（3）考虑品种高产稳产性 在其他条件相似的情况下，应尽量选用产量潜力大的品种，同时，应选择抗病、抗虫、抗逆能力强的品种，保证稳产性。

（4）引种要因地制宜 高粱属于短日照作物。我国北方日照较长，南方日照较短。原产于北方的品种引到南方后，生育期则因光照缩短而出现明显的早熟；而原产于南方的品种，引到北方后因日照延长，往往会成熟较晚或不能成熟。因此，引种时一定要注意所引品种的原产地、光照情况和品种生育特性，引种一般不宜跨越纬度太大。

# *58.* 购种时如何判定高粱种子的优劣？

（1）从外观和色泽进行判断　一般优质的高粱种子有光泽，颗粒饱满、完整，均匀一致；用牙咬籽粒，观察断面质地紧密，无杂质、虫害和霉变。劣质高粱种子色泽暗淡，颗粒皱缩不饱满，质地疏松，有虫蚀粒、生芽粒、破损粒和杂质。

（2）从气味进行判断　优质高粱种子具有高粱固有的气味，无任何其他不良气味；劣质高粱种子微有异味，或有霉味、酒味、腐败变质及其他异味。

（3）从滋味进行判断　取少许种子，用嘴咀嚼，品尝其滋味。优质食用或饲用高粱种子具有高粱特有的滋味，味微甜；劣质食用或饲用高粱种子乏而无味或有苦味、涩味、辛辣味、酸味及其他不良滋味。

（4）是否符合国家种子质量标准规定的最低要求　高粱种子质量标准见表6。

表6　高粱种子质量国家标准，
GB 4404.1—2008（％）

| 作物名称 | 种子类别 | | 纯度<br>不低于 | 净度<br>不低于 | 发芽率<br>不低于 | 水分<br>不高于 |
|---|---|---|---|---|---|---|
| 高粱 | 常规种 | 原种 | 99.9 | 98.0 | 75 | 13.0 |
| | | 大田用种 | 98.0 | | | |
| | 杂交种 | 大田用种 | 93.0 | 98.0 | 80 | 13.0 |

# 五、大豆

## 59. 大豆有哪几种类型？

栽培大豆以按生育期长短，以 10 天为一级，从最早熟到最晚熟分为 12 级。我国还将 6 000 多大豆品种分为：①北方春大豆区，②黄淮海流域夏大豆区，③长江流域夏大豆区，④秋大豆区等四类。各类型按种皮色泽、实际生长天数和种粒大、中、小等分为不同的群，各群再按有限和亚有限或无限结荚习性、灰毛或棕毛、紫花或白花等 3 种性状，分成不同类型。

其中根据大豆的种皮颜色和粒形分为五类：黄大豆、青大豆、黑大豆、其他大豆（种皮为褐色、棕色、赤色等单一颜色的大豆）、饲料豆（一般籽粒较小，呈扁长椭圆形，两片子叶上有凹陷圆点，种皮略有光泽或无光泽）。

## 60. 如何选择适宜的大豆品种？

一看大豆品种的适应性：品种的适应性直接影响产量的高低，一般售种公司都提供品种适宜范围方面的资料，要结合当地生产情况进行选择。

二看品种的生育期：春大豆区应选用短光照性弱的、生育期在 110～140 天的品种种植。黄淮海夏大豆产区选用生育期 85～105 天的品种，播种越晚应选择较为早熟的品种；黄淮海中部地区应选用生育期 100～105 天的中熟大豆品种；黄淮海南部地区应选用生育期 105 天左右的中熟大豆品种。

三看品种的产量水平：最好选择既要高产又要稳产的品种。

四要了解品种的特性：如株高、分枝、结荚习性、叶片大小、百粒重等，以便进行相应种植和针对性管理。

五要了解品种的种子质量：一是种子的脐色、粒型要一致；二是种皮色泽鲜亮，穗粒、霉粒很少，发芽率不低于 85%（种皮色如为深红色，便失去发芽能力，不能发芽）；三是籽粒大小比较均匀一致。

**知识点**

合格的大豆种子要达到国标二级以上，即纯度不低于 98%，净度不低于 98%，发芽率不低于 85%，含水量不超过 12%。

**专家告诉你**

根据栽培目的和用途，对品种有不同的选择。作籽粒用，宜选择粒型中等，种脐色淡、种皮光泽度好、外型美观黄色圆粒大豆。以榨油为目的，应选择脂肪含量在21.5%以上的品种。以摄取蛋白为目的，应选择蛋白质含量在45%以上的品种。如蛋白质、脂肪兼用，则应选用二者含量合计在63%以上的品种为宜。

## 61. 购买大豆种子应注意哪些事项？

购买大豆种子时应注意：一是到正规的售种公司购买种子，注意保存购种发票；二是仔细咨询了解品种的特征特性、栽培要点、适宜种植范围，做到有的放矢；三是鉴别种子质量，首先是种子的脐色、粒型要一致，其次种皮色泽鲜亮（种皮色如为深红色，便失去发芽能力，不能发芽），碎粒、霉粒很少，发芽率不低于85%。

## 62. 大豆贮藏应注意些什么？

大豆种子贮藏时，应注意"四不宜"：一是种温高时不宜入库；二是阴雨潮湿天气不宜入库；三是种子不宜堆放过高；四是不宜与化肥或农药同贮。贮期管理做好"两个及时"：一是及时进行通风散湿；二是及时进行低温密封。大豆种子由于含有较高的油分，导热性不良，在高温情况下容易引起红变，所以应采取低温密闭的贮藏方法。一般可趁寒冬季节，将大豆转仓或出仓冷冻，使种温充分下降后，再进仓密闭贮藏。可利用经过清洁、消毒处理后的草垫或麻袋压盖，压盖要平整、严密、坚实。种子低温密闭贮藏后除定期检查外，要尽量减少开关次数。

新鲜大豆种子贮藏方法有：一是干燥贮藏法：干燥的方法可采用日晒或人工烘干。二是通风贮藏：冬季低温贮藏，可通过通风降温来实现；夏季降温则需要制冷设备，并在仓库内设置隔热墙。三是低温贮藏：保持大豆仓库内良好通风，使干燥空气流通，以便减少水分和降低温度，防止局部发热、霉变。通风的方法可采取自然通风或机械通风两种。一般仓库可将干燥贮藏和通风贮藏结合应用。四是密闭贮藏：密闭贮藏有全仓密闭和单包装密闭两种，全仓密闭对建筑要求高，单包装密闭可采用塑料薄膜包装。五是化学贮藏法：化

**专家告诉你**

含水量高的大豆容易丧失发芽力。含水量 10% 以下的大豆，在 10℃ 温度下，可保存 10 年以上仍可发芽；含水量 12%～13% 的大豆在常温下可保存 2 年仍能发芽；含水量 18% 的大豆在 20℃ 温度下 5～9 个月丧失发芽力，在 30℃ 温度下 1～3 个月即丧失发芽力。

　　学贮藏就是在大豆贮藏前或贮藏过程中，使用化学药品钝化酶及熏蒸剂杀死害虫和微生物。在实际生产中，上述方法常常配合应用，尽量做到安全、有效、经济。

# 六、油 菜

## 63. 油菜有哪几种类型？

油菜是包括芸薹属植物的许多个物种，凡是栽培的十字花科芸薹属植物用以收籽榨油的，都叫油菜。根据我国油菜的植物形态特征、亲缘关系，结合农艺性状、栽培利用特点等，将油菜分为三大类型，即白菜型、芥菜型和甘蓝型。白菜型原产于中国，主要集中于长江流域和西北高原各地，生育期150～200天，千粒重3克左右，产量低，含油量35％～40％，抗病性差。芥菜型主要集中于西北和西南地区，生育期160～210天，千粒重1～2克，产量不高，种籽含油量30％～35％，抗旱、抗寒、耐瘠。甘蓝型则是20世纪30～40年代从日本和欧洲流入我国，主要集中于黄淮和长江流域各地，生育期170～230天，千粒重3～4克，产量较高，含油量35％～45％，抗病、抗寒、适应性强，增产潜力大。

油菜在我国分布极广，北起黑龙江和新疆，南至海南，西至青藏高原，东至沿海各省均有种植。

根据油菜的生物学特性春化阶段对温度的要求，又可分为冬油菜和春油菜两个大区。其界线可以是东起山海关，经长城沿太行山南下，经五台山过黄河至贺兰山东麓向南，过六盘山再经白龙江上游至雅鲁藏布江下游一线，其以南以东为冬油菜区，其以北以西为春油菜区。冬油菜型因苗期对低温的要求不同又分为冬性、半冬性和春性。我国种植的油菜90%属冬油菜。

20 世纪 70 年代以后，我国在油菜杂种优势利用方面首先实现了三系配套，选育出了许多优秀的油菜杂交种，并已在生产上广泛种植。杂交油菜可在一般良种的基础上增产 10%～15%。目前我国油菜生产已朝着低芥酸、低硫苷"双低"方向大步迈进，使菜油从原先的中低档油变为中高档油，既满足了人们对健康食品的需求，又使菜籽饼粕只单作肥料变为饲料、肥料两用，为畜牧业的发展开辟了新的饲料源。

**知识点**

双低油菜是指菜油中芥酸含量低于 3%，菜饼中硫代葡萄糖苷含量低于 30 微摩尔／克的油菜品种。菜籽油中主要脂肪酸包括油酸、亚油酸、亚麻酸和芥酸等。双低油菜中的油酸含量达 60%，因而被称为"最健康的油"。

# 64. 如何选用油菜良种？

通过科研部门的努力，目前我国已选育出一大批油菜优良品种，如"浙油18"、"浙油50"、"秦优8号"、"秦优10号"、"花油3号"等。但每个优良品种都有自身适宜的区域范围，在甲地表现优良，在乙地可能表现一般，关键是这一品种是否适宜当地的气候和土壤条件，农民是否掌握其生育特性，做到因种栽培。在品种选用上，必须走"试验—示范—推广"这一途径，这项工作一般由当地的农技部门完成。有技术条件的种子经营者和生产者经种子管理部门同意，并办理种子检疫手续也可对外引种。切忌未经试验示范，就盲目大规模引种种植，最稳妥的方法还是选用当地农技部门推荐并经审定的优良品种。

目前市场上的油菜种子既有杂交种，也有常规种。从大面积的油菜生产看，杂交种杂交优势明显，抗性强、产量高、品质优，但种子价格较高。常规种风险小，但增产潜力小，种子价格相对较低。采用育苗移栽方式的，用种量少，可选用杂交种。采用直播方式，用种量大，可选用常规品种。在购买时，应向种子经销商问清品种的特征特性，适宜种植区域、主要栽培技术和注意要点。也可向当地农技推广部门咨询。

# *65.* 如何鉴别油菜种子的真假和优劣？

首先要知道下列种子为假种子：一是以非种子冒充种子或者以此品种种子冒充他品种种子的；二是种子种类、品种、产地与标签标注的内容不符的。例如用杂种二代当作杂种一代种子的；用"浙双72"冒充"浙油18"的；把白菜种子当油菜种子的；种子产地与标签标注不符的都是假种子。其次要知道下列种子为劣种子：一是质量低于国家规定的种用标准的；二是质量低于标签标注指标的；三是因变质不能作种子使用的；四是杂草种子的比率超过规定的；五是带有国家规定检疫对象的有害生物的。例如种子纯度、净度、发芽率、水分其中之一或多项不达标；以陈种冒充新种；标签标注的种子纯度、发芽率等指标高于实际值；带有检疫对象或未经检疫。凡有上述情况之一的种子都是劣种子。

油菜种子较小，识别较困难，在仔细看包装的基础上，主要看粒型籽色。杂交油菜种子由于制种时授精不一致，常导致粒型大小不均，籽色深浅不一；常规种子籽粒相对较大、整齐，色泽一致。如果杂交种子过分整齐一致，可能是常规种种子。当常规种子饱满度不好时，种子质量相对较差。同一品种新种子外观色泽鲜亮，子叶黄亮，用指甲挤压，油分较多，而陈种子外观色泽灰暗，子叶暗黄，用指甲挤压，油分较少。

　　油菜种子质量国家标准见表 7。

**表 7　油菜种子质量国家标准，**

**GB 4407. 2—2008（%）**

| 作物名称 | 种子类别 | 品种纯度<br>不低于 | 净度<br>不低于 | 发芽率<br>不低于 | 水分<br>不高于 |
|---|---|---|---|---|---|
| 油菜常规种 | 原种 | 99.0 | 98.0 | 85 | 9.0 |
|  | 良种 | 95.0 |  |  |  |
| 油菜杂交种 | 大田良种 | 85.0 | 98.0 | 80 | 9.0 |

# 七、棉 花

## 66. 我国棉花有哪几种类型？

棉花包括栽培种和野生种。栽培种是指在长期栽培驯化过程中，人类从野生原始类型中选出了有益的变异类型，并不断地进行培育与选择，使得有益的变异得以积累与稳定的种，并在不同的地理和气候条件下，经长期的自然与人工选择，形成了各种各样的类型，主要包括草棉、亚洲棉、陆地棉和海岛棉四个类型。我国在生产上，除新疆等地有少量海岛棉种植外，极大部分棉区种植的是陆地棉。目前在生产上推广的品种绝大部分是转基因抗虫棉或转基因抗虫杂交棉，西北内陆棉区仍有种植常规棉。

> **知识点**
>
> ①什么是抗虫棉？
>
> 抗虫棉是指植株本身具有躲避、抵抗或抗杀害虫以减轻危害损失的棉花类型。根据棉花抗虫性来源分为非转基因抗虫棉和转基因抗虫棉。非转基因抗虫棉分为形态抗虫棉

和生理生化抗虫棉，有些学者将其统称为常规抗虫棉。转基因抗虫棉是指通过现代生物技术或通过现代生物技术与常规育种相结合，将外源抗虫基因导入棉花植株而培育出的具有抗虫性状的棉花品种。目前已有转 Bt 基因抗虫棉、转 CpTI 基因抗虫棉等。转基因抗虫棉和利用转基因抗虫棉杂交育成的抗虫杂交棉是当前棉花生产中的抗虫棉主力军。

②什么是杂交棉？

选用两个在遗传上有一定差异，同时它们的优良性状又能互补的棉花品种进行杂交，生产具有杂种优势的第一代杂交种用于生产。

③杂交棉与常规棉有什么区别？

杂交棉是通过两个不同基因型品种经过杂交而来，其后代是杂合体，生产中只能应用杂种一代，其二代开始分离，不可再用，年年都要制种。常规棉其基因型是纯合稳定的，可以留种繁殖。

# *67.* 我国棉区如何选择适宜种植品种？

根据中国棉花生产在地域分布上的相似性和差异性，将我国棉区划分为三大棉区，即黄河流域棉区、长江流域棉区和西北内陆棉区。由于三大棉区的生态条件不一致，所以，在品种布局、耕作模式上不尽相同。黄河流域棉区光照较为充足，热量条件较好，土壤肥力中等，降水不均匀，年际间变化大，易发生旱涝灾害。本棉区已从一年一熟转变为以麦棉两熟为主的多形式间套种的一年两熟制，适用的品种以早中熟品种为主。长江流域棉区热量条件较好，雨水较为充沛，土壤肥力较高，具有春季多雨高湿，初夏常有梅雨，入伏高温少雨，秋季多连阴雨的气候特点。本棉区以推广棉田高效立体多熟种植制为主，适用品种以中熟品种为主。西北内陆棉区地域广，热量差异明显，雨量稀少，日照充足，土壤肥力中等或中等以下。本棉区一年一熟，适用的品种以中早熟或早熟陆地棉品种，在东北疆还种有早熟或中熟海岛棉品种。

## 68. 棉花商品种子有哪几种类型？

棉花种子分为毛籽和光籽两类（图6），目前我国除部份直播区使用毛籽外，绝大部分棉区使用的是光籽。

图6　棉花的毛籽和光籽

---

**知识点**

收获的籽棉经轧花机械加工，除去纤维后留下带有短绒的棉籽统称为毛籽。由于毛籽外面包裹有短绒，附带有病菌，对出苗后的棉花健康生长带来一定的影响。将毛籽经种子加工机械脱绒、精选等系列程序后，产生不附短绒的棉籽即为光籽。为提高棉花的抗逆性、减轻病虫害的危害，通常将光籽外面再裹上一层带有药剂的种衣剂，称为包衣棉籽。

# 69. 购种时如何判定棉花种子真伪优劣？

购种者感官鉴别种子质量的方法：一是眼看，看有无杂草种子、异作物种子、杂质，看棉籽的色泽、饱满度、均匀度、破损籽率，看棉籽有无虫害、霉变；二是鼻闻，确定棉籽是否霉烂、变质或异味；三是手摸，将手插入棉籽袋中，感觉种子松散、滑、阻力小、有响声，水分较小，否则水分含量就大；四是刀切，用刀切断棉籽，若种子断面光滑，棉仁洁白，油腺清晰，则为新种，质量较好，如果颜色暗淡，则为陈种子，对发芽率有影响；五是耳听，抓一把棉籽摇动，声音越大，水分含量越小。棉花种子质量国家标准见表8。

表8 棉花种子质量国家标准，
GB 4407.1—2008（%）

| 种子类型 | 种子类别 | | 纯度 不低于 | 净度（净种子） 不低于 | 发芽率 不低于 | 水分 不高于 |
|---|---|---|---|---|---|---|
| 棉花 常规种 | 毛籽 | 原种 | 99.0 | 97.0 | 70 | 12.0 |
| | | 大田用种 | 95.0 | | | |
| | 光籽 | 原种 | 99.0 | 99.0 | 80 | 12.0 |
| | | 大田用种 | 95.0 | | | |

（续）

| 种子类型 | 种子类别 | | 纯度<br>不低于 | 净度<br>（净种子）<br>不低于 | 发芽率<br>不低于 | 水分<br>不高于 |
|---|---|---|---|---|---|---|
| 棉花<br>常规种 | 包衣籽 | 原种 | 99.0 | 99.0 | 80 | 12.0 |
| | | 大田用种 | 95.0 | | | |
| 棉花杂<br>交一代<br>种 | 毛籽 | | 95.0 | 97.0 | 70 | 12.0 |
| | 光籽 | | 95.0 | 99.0 | 80 | 12.0 |
| | 包衣籽 | | 95.0 | 99.0 | 80 | 12.0 |

# 八、花生

## 70. 花生有哪几种类型？

按照花生产品的利用途径不同，可将花生品种分为油用、直接食用、出口等专用类型。油用花生品种的脂肪含量不能低于 50%，主要品种有：花育 20、花育 22、花育 23、鲁花 11、汕油 21 等；食用花生品种的籽仁大小要一致、粒形匀称、色泽鲜亮，而且口味、口感要好，主要品种有：花育 16 号、皖花 4 号、丰花 1 号、海花 1 号、湘花 B 等；出口花生主要供给外贸出口，则要符合进口国要求的花生品种，主要品种有："黑花生"黑丰 1 号、花育 18 等。

## 71. 花生引种有哪些原则？

(1) 气候生态相似的原则　花生正常的生长发育对气候条件、生态环境等因素都有一定的要求，不同的花生品种对特定的气候条件、生态环境都保持一定的适应性。在气候环境因素中，温度对花生的影响最大，其次是降雨量。多数花生品种的适应性较为广泛，只要积温能够满足，有适当的水分供应就可以保证花生正常的生长发育。在生态环境因素中，首先要考虑土壤生态因素，其次是生物生态因素，即病虫害发生情况。因此，为了避免引种的盲目性，增加引种成功率，花生引种时要重视原产地与引种地区气候生态的相似性。最好选择在本地所处的花生产区进行引种。譬如，我国黄河流域花生产区，以山东、河北、河南为主，还有苏北、皖北等地区，这些地区在气候、土壤和病虫害等方面相对较为一致，该产区各地选育的花生品种多数能够相互引种。

（2）严格引种程序的原则　首先要根据当地引种目标，广泛地搜集花生品种，要优先选择审定的品种。其次要做好植物检疫工作。第三，以当地种植的品种作为对照，做好引种试验。

（3）因地制宜的原则　第一，引进的花生品种要能够适应本地区的种植制度。比如有的地区是一年一熟，其光热资源是一季有余，两季不足，引种时就要考虑引进生育期偏长的花生品种，以充分利用当地的光热资源，发挥一年一季花生的增产潜力；有的地区是一年两熟，为了缓解前后两茬作物在茬口上的矛盾，就得考虑引进生育期偏短的花生品种，以保证一年两季作物都能获得高产。第二，引进的花生品种应适应当地的栽培方式和管理水平。

# 72. 购种时如何判定花生种子优劣?

购种户在选购花生种子的时候,一定要注意:好的花生种子果实饱满,胚顶尖锐,芽盘突出,种皮呈粉红色,顶部的脐呈白色,用手搓种皮易与种子分离;而丧失活力的花生种子表面皱缩,种皮变成黄褐色或深红色,顶部的脐和两个花生瓣出现油渍状,浸水 2 小时后种皮有水浸状斑点,两个花生瓣容易分离,这样的花生不能再作种用。

## 知识点

花生又名落花生、长寿果,素有"中国坚果"、"田中之肉"美称。在每 100 克花生中含有蛋白质 25 克、脂肪 48 克、钙 39 毫克、硫 326 毫克、铁 6.9 毫克、硫胺素 0.75 毫克、核黄素 0.14 毫克、尼克酸 18.9 毫克、维生素 0.15 微克。与其他食物比较,花生的脂肪含量是大豆的 2 倍、鸡蛋的 5 倍之多,蛋白质含量是小麦的 2 倍、大米的 3 倍,其他如钙、磷、铁等矿物质的含量比猪肉、鸡肉等动物性食物更高。花生蛋白中的赖氨酸、蛋氨酸等人体必需氨基酸的种类齐全,比例较为合理,消化吸收率高达 90%。

# 九、甘薯

## 73. 甘薯有哪些种类?

甘薯,又称番薯、红薯、山芋等。从淀粉加工和食用等用途上,甘薯品种可分为 7 种类型:一是淀粉加工型,主要是高淀粉含量的品种;二是食用型;三是兼用型,既可加工又可食用的品种;四是菜用型品种,主要是食用甘薯的茎叶;五是色素加工用的,主要是一些紫薯;六是饮料型品种,这些甘薯含糖量高,主要用于饮料加工;七是饲料加工型,要求茎蔓生长旺盛。

另外按薯心颜色的不同可以分为以下三类:一是红心甘薯,含水分较多,口感软绵香甜,适合烤着吃;二是白心甘薯,表皮有白、红等不同的颜色,表面有许多须根,断口有拉丝状黏液,有点像山药。水分含量少,吃起来有点像栗子,适合蒸着吃。三是紫色甘薯,它除了具有普通甘薯的营养成分外,还富含硒元素和花青素。近年来,紫薯在国际、国内市场上十分走俏,发展前景非常广阔。

# 74. 种薯的贮藏有哪些重要环节？

（1）适时收获　一般最好在气温下降至 18℃时开始收获，气温在 10℃以上时收获完毕。

（2）精选薯块　在收获选留甘薯种时，一定要精心刨割，避免外伤。为了多出苗、出壮苗和降低成本，应选块根 105～200 克的薯块作种。所选薯块要无病、无涝害，还要具有本品种的典型特征。收获时，最好早晨割秧，上午收刨，下午入窖。

（3）入窖贮藏　单窖单放或和商品薯同窖单独堆放，同时不同品种要分别存放。贮藏量只可占贮藏窖容量的 80％。入贮初期须进行高温愈合处理，窖内加温到 34～37℃，相对湿度 85％，使破伤薯块形成愈伤组织，防止病害传播；然后进行短时间的通风散湿，窖温保持在 10～15℃，相对湿度 85％～90％；中、后期加强保温防寒，严防薯堆受到低于 9℃以下的冷害。

另外，春季甘薯育苗取用种薯结束后，准备延期保存的，应注意加强温湿度的管理，最高窖温不超过 15℃，相对湿度控制在 85％～90％。天气变热后，还要注意对窖内通风换气。对于长期密封过严和薯块大量腐烂的薯窖，进窖前要提前打开通风口进行换气，确认安全后，才能进窖，以免造成管理人员缺氧窒息。

## 小贴士

### 久置的甘薯为何比新挖的甘薯甜

甘薯放久了，水分减少很多，皮上起了皱纹。水分的减少对于甜度的提高有很大的影响，原因有两个：一是水分蒸发减少，相对的增加了甘薯中糖的浓度。二是在放置的过程中，水参与了甘薯内淀粉的水解反应，淀粉水解变成了糖，这样使甘薯内糖分增多起来。因此，我们感到放置久的甘薯比新挖出土的甘薯要甜。

## 专家告诉你

### 甘薯忌与柿子同吃

据中国营养协会专家介绍，甘薯和柿子不宜在短时间内同时食用，如果食量多的情况下，应该至少相隔五个小时以上。如果同时食用，甘薯中的糖分在胃内发酵，会使胃酸分泌增多，和柿子中的鞣质和果胶反应发生沉淀凝聚，产生硬块，量多严重时可使肠胃出血或造成胃溃疡。

# 十、马铃薯

## *75.* 马铃薯有哪些种类，如何选择？

马铃薯又名洋芋，可以分为鲜食型品种和加工型品种 2 类。选用优良品种是马铃薯优质、高产、高效栽培的基本条件，优良品种具有高产、优质、适应性好、抗病虫和抗逆能力强等特点。此外，还应根据市场的要求以及品种的特殊用途进行选择。

长江流域种植的马铃薯主要作菜用，冬种春收。上市愈早，价格愈高。因此在品种选择上宜选用结薯早、薯块集中、块茎前期膨大快的早熟品种。由于在该地区春季雨水多、湿度大，容易发生早疫病、晚疫病、青枯病和疮痂病等病害，这就要求选用的品种对上述病害有较强的抗性。适合长江流域春季早熟栽培的马铃薯品种主要有：费乌瑞它、东农 303、中薯 2 号和克新 4 号等。

加工型马铃薯分油炸专用型、淀粉专用型、全粉专用型等。油炸专用型品种要求还原糖含量于 0.2%，如薯条专用型马铃薯品种夏波蒂、薯片专用型马铃薯品种大西洋，高淀粉加工专用型马铃薯品种有克新 12 号、冀张薯 6 号等。

**小贴士**

在南美洲的安第斯山脉山区的马铃薯品种丰富，颜色五彩缤纷，有黄色、红色、蓝色、紫色、紫罗兰色以及带黄色斑点的粉色等等。形状奇形怪状，有圆形的、有长形的，还有扭曲在一起的，还有像拐杖一样钩状的，也有像陀螺那样的螺旋形。当地农夫给这些马铃薯取的名字也都惟妙惟肖，比如：弄媳妇哭、老骨头、黑美人、白鹿鼻、红影子等。

# 76. 马铃薯优良品种有哪些？

东农 303：极早熟马铃薯品种，从出苗至收获 60 天。株形直立矮小，株高 45 厘米左右。茎绿色，叶浅绿色，长势中等。薯块扁卵形，黄皮黄肉，表皮光滑，大小中等、整齐，芽眼多而浅，结薯早且集中。休眠期短、耐贮藏，蒸食品质优。植株中感晚疫病，较抗环腐病，高抗花叶病毒病，轻感卷叶病毒病。耐涝性强。一般亩产 1 500～2 000 千克，高的可达 2 500 千克以上。

费乌瑞它：该品种由荷兰引进。早熟品种，从出苗到收获 60 天左右，休眠期短。株高 50～60 厘米左右，直立型，薯块椭圆形，黄皮黄肉，表皮光滑，薯块大而整齐，芽眼浅平。肉质脆嫩，品质好。结薯早而集中，薯块大而整齐，商品率高。块茎结薯浅、对光敏感，应适当培土，以免块茎膨大露出地面绿化，影响品质。一般亩产 1 500～2 000 千克，高的可达 2 500 千克以上。

中薯 2 号：特早熟品种，出苗后 50～60 天即可收获。结薯集中，块茎大而整齐。块茎品质好，适合鲜食。抗花叶病毒病，田间不感染卷叶病毒病，但易感染疮痂病。亩产为 1 500～2 000 千克。

中薯 3 号：早中熟品种，出苗后 75 天内收获。食用品质佳，适合鲜食。抗病毒病和疮痂病，不抗晚疫病。亩产为 1 500～2 000 千克。

早大白：早熟高产马铃薯品种，从出苗到收获 60～65 天。株型直立，株高 50 厘米左右，长势中等，花冠白色。薯块扁圆形，结薯集中，薯块大而整齐，白皮白肉，表皮光滑，芽眼较浅，休眠期短。对病毒有较强耐性和抗性，但植株、块茎易感染晚疫病。一般亩产 2 000～3 000 千克左右。

克新 1 号（紫花白）：中熟品种，生育期 100 天左右。株型开展，分枝数中等，株高 70 厘米左右。茎粗壮、绿色；叶绿色，复叶肥大，侧小叶 4 对，排列疏密中等。干物质 18.1%，淀粉 13%～14%，还原糖 0.52%，粗蛋白 0.65%，维生素 C 14.4 毫克/100 克。块茎椭圆形或圆形，淡黄皮、白肉，表皮光滑，块大而整齐，芽眼深度中等，块茎休眠期长，耐贮藏。植株抗晚疫病，块茎感病，高抗环腐病，抗 PVY、高抗 PLRV。耐旱耐瘠薄，较耐涝。亩产一般为 1 500 千克，高产可达 3 000 千克以上。

克新 4 号：早中熟品种，出苗后 70 天内收获。块茎食味好，适合鲜食。该品种抗病性较好。亩产为 1 500 千克左右。

台湾红皮：中晚熟高产品种，生育期 105 天左右。适应性和抗旱性强，植株生长繁茂，植株半直立，株高 60～70 厘米，茎杆粗壮，生长势强，叶色深绿，花冠紫红色，花粉较多，结薯早且集中，块茎膨大快，薯形长椭圆形，红皮黄肉，表皮较粗糙，芽眼浅、数目少，休眠期较长。耐贮性中上等，干物质含量中等，还原糖含量 0.108%，淀粉含量较高。较抗晚疫病，抗环腐病，对癌肿病免疫，对马铃薯 A 病毒免疫，较抗花叶病毒 PVX、PVY，较抗卷叶病毒 PLRV。播种密度 3 600 株左右/亩，一般亩产 1 600 千克，高产可达 2 500 千克。

大西洋：中熟，生育期 90 天左右。株型直立，分枝数中等，株高 50 厘米左右。块茎介于圆形和长圆形之间，顶部平，淡黄皮白肉，表皮有轻微网纹，芽眼浅，块茎大小中等而整齐，结薯集中。块茎休眠期中等，耐贮藏。鲜薯淀粉含量 15%～17.9%，还原糖含量 0.03%～0.15%。植株不抗晚疫病，对马铃薯轻花叶病 PVX 免疫，较抗卷叶病毒病和网状坏死病毒，感束顶病、环腐病，在干旱季节薯肉有时会产生褐色斑点。一般亩产 1 500 千克左右。

夏坡蒂：中熟，生育期 95 天左右。株型开展，株高 60～80 厘米。块茎长椭圆形，白皮白肉，芽眼浅，表皮光滑，薯块大而整齐，结薯集中。鲜薯干物质含量 19％～23％，还原糖含量 0.2％。该品种对栽培条件要求严格，不抗旱、不抗涝，田间不抗晚疫病、早疫病，易感马铃薯花叶病毒病（PVX、PVY）、卷叶病毒病和疮痂病。一般亩产 1 500～3 000 千克左右。炸条品质和食用品质优良。

# 77. 如何判定马铃薯种薯的优劣？

在马铃薯栽培过程中，出现叶片皱缩卷曲，叶色浓淡不均，株型矮化、茎秆细弱、块茎变形或瘦小，产量逐年下降等现象，就表明马铃薯已经发生退化，它严重地影响马铃薯的生产和发展。在生产中应选用优质脱毒马铃薯种薯。要求选用 2 级种薯以上。

种薯的检验以目测为主，观察块茎的外观和切开后的内部情况，要求表皮干爽、块茎整齐一致、干物质含量高、无污染和病烂薯少。由于马铃薯品种繁杂，种性不易识别，特别是脱毒良种随着代数扩大，产量和质量降低，而它的代数仅从马铃薯外观无法确定。市场上经常有不法经营者，唯利是图，用商品薯冒充种薯销售，大田种植后造成减产甚至失收。马铃薯种薯购买关键是种薯来源清楚，要选择合法经营种子单位购种，避免贪图便宜、因小失大、造成不必要的损失。

---

**知识点**

脱毒种薯分为基础种薯和合格种薯两类。基础种薯是指用于生产合格种薯的原原种和原种；合格种薯是指用于生产商品薯的种薯。

基础种薯分3级：

①原原种。用茎尖组织培养方法获得的无病毒试管苗或器皿内微型薯，及其在防虫温室、网室条件下，扩大繁殖的生产的无病毒小薯。

②一级原种。用原原种作种薯，在防虫网室、网床或具备隔离条件原种场种植生产的块茎。

③二级原种。以一级原种作种薯，在具备一定隔离条件的原种场繁殖的块茎。

合格种薯分2级：

①一级种薯。由二级原种隔离生产的块茎。

②二级种薯。由一级种薯隔离生产的块茎。

---

# 十一、茄果类蔬菜

## 78. 如何鉴别茄果类蔬菜种子的优劣？

目前市场上销售的茄果类蔬菜种子绝大部分为杂交种，少部分为常规种。杂交种杂交优势明显，抗性强、产量高、品质优，但种子价格较高。常规种增产潜力小，种子价格相对较低。优良种子的纯度、净度、水分、发芽率应符合国家标准 GB 16715.3—2010 规定，在商品种子的包装上都有这 4 项指标的具体参数，其中 4 项中任何 1 项达不到指标的即为不合格品种。购买种子时，应注意以下几点：

（1）纯度　一袋种子中，种子的籽粒大小、色泽、粒型、差距较小，且很近似，这种种子多数纯度较高。凡是与你认识的品种固有的颜色、粒型不同，这种种子假、劣的可能性较大。

（2）饱满度　一般用千粒重来表示，即 1 000 粒种子的质量（克）。千粒重越大，说明种子越饱满。一般大果型番茄种子的平均千粒重为 3.1 克左右。

（3）**发芽率** 主要看种子在保存过程有无霉变、发烂、虫蛀、颜色变暗等情况，打开种子袋有一股酸霉味，说明这种子已变质，发芽率不会太高，不要轻易购买。

（4）**干湿度** 凡种子潮湿，都有可能发霉变质。在购买种子时，你可先将手插入种子袋，根据直感判断种子的干湿度。凡是无味且有清脆的感觉是比较干的；反之，有阴沉潮湿的感觉且味不正，说明种子较潮湿。另外还可抓一些种子放在手中搓几下，发出清脆而唰唰的声音是较干的，反之是湿的。

茄果类蔬菜种子质量国家标准见表9。

**表9 茄果类蔬菜种子质量国家标准，**
**GB 16715.3—2010（％）**

| 作物种类 | 种子类别 | | 品种纯度<br>不低于 | 净度<br>不低于 | 发芽率<br>不低于 | 水分<br>不高于 |
|---|---|---|---|---|---|---|
| 茄子 | 常规种 | 原种 | 99.0 | | 75 | 8.0 |
| | | 大田用种 | 96.0 | | | |
| | 杂交种 | 大田用种 | 96.0 | | 85 | |
| 辣椒<br>（甜椒） | 常规种 | 原种 | 99.0 | 98.0 | 80 | 7.0 |
| | | 大田用种 | 95.0 | | | |
| | 杂交种 | 大田用种 | 95.0 | | 85 | |
| 番茄 | 常规种 | 原种 | 99.0 | | 85 | |
| | | 大田用种 | 95.0 | | | |
| | 杂交种 | 大田用种 | 96.0 | | | |

# 79. 如何合理选用番茄品种？

栽培番茄，首先是要选择适宜的品种，任何一个番茄品种都具有一定的时间性和地区性。选择番茄品种应从以下几个方面考虑。

（1）品种本身的特性　包括品种的生长习性、品种类型、果实大小、果实色泽等。

①品种的生长习性。番茄根据其生长习性的不同可分为两种类型，即无限生长类型和有限生长类型（亦称自封顶类型）。有限生长类型的番茄，根据其封顶节位的高低，又可分为矮封顶型和高封顶型。矮封顶类型的品种主枝在发生 2～3 个花序后即封顶，而高封顶类型的品种是主枝发生 4～6 个花序后封顶。生长习性的不同牵涉到品种熟性，一般无限生长类型的品种比较晚熟，而有限生长类型，特别是矮封顶类型的品种，其成熟期比较早，但产量则一般是无限生长类型的品种较高。

②品种类型和果实大小。按果实的用途可分为鲜食和加工两种。鲜食品种主要是适口性好，果形、颜色也好；加工品种则注重果肉的颜色及果肉果汁的糖酸比。按果实大小可分为大果形品种、中果形品种和小果形（包括樱桃番茄）品种。通常栽培的番茄品种均属于大果形或中果形品种。樱桃番茄果

形较小，生长期较长，目前栽培面积相对较小，主要供应宾馆、饭店、超市、农贸市场等。

③果实颜色。番茄果实的颜色可分为大红、粉红和黄色三种，不同的地区，对番茄果实颜色的要求不同，如我国的北方地区、上海等地一般要求粉红番茄品种。同时，对番茄果实着色一致性的要求，地区间也存在差异，有的地区喜欢带有绿色果肩的品种，而有的地区则需要着色一致的品种。

（2）栽培条件和栽培季节　首先是不同地区的气候条件存在明显差异，其次是土壤条件、栽培管理水平等方面存在差异。此外，番茄的栽培季节在地区间存在较大的差异，其中多数地区番茄的主要栽培季节是春季，华南北部、华东地区、华中地区以及华北南部的部分地区有一定面积的秋番茄，在珠江流域，番茄的主要栽培季节是冬季，并有部分春番茄和秋番茄栽培面积。同一个地区，不同栽培季节对番茄品种的要求是不同的，这主要是由于春季和秋季的气候条件存在明显的差异。春季栽培时，温度是由低到高，而秋季栽培时，则温度是由高到低，而且其他如病害等也存在一定的差异。因此，适合春季栽培的番茄品种，不一定适合秋季栽培。如在浙江省秋番茄栽培上，对品种的要求是：①抗病性强，尤其是对黄瓜花叶病毒和番茄黄化曲叶病毒具有较强的抗性；品种耐热性强。②早熟，并以矮封顶类型为宜，开花结果期集中。③果形宜大，果皮厚，耐贮藏和运输。

（3）栽培目的　番茄果实除了鲜销外，还可加工。而鲜销中有本地销售，外地销售和外销出口。在选择番茄品种时，应该了解品种的特性，并根据栽培目的选择适宜的品种。在鲜销品种中，必须注意果实的颜色，喜欢粉红果实的地区，不能选用大红番茄品种；销往外地的番茄应选择适合销往地的消费习惯，而且果实应有较厚的果皮、适合长途运输。

（4）栽培设施和方式　春季番茄栽培上，南方地区大多采用大棚设施，而北方地区大多采用日光温室等设施。栽培番茄大多为土壤栽培，也有无土栽培（水培和基质栽培），栽培方式有短季栽培节（江浙沪一带）和长季节栽培（北方和南方）。对此，在选择品种时，都需要予以考虑。如基质栽培，由于生产投资较大，一般宜选择经济价值较高的樱桃番茄品种；而长季节栽培则要求品种为无限生长类型、生长势强、不早衰，且具有连续结果能力强、果实耐贮运、综合抗病性好等特点。

# 80. 如何选择适宜的茄子、辣椒品种？

茄子、辣椒类型、品种繁多，选择适宜的品种，是获得高产、高效的关键。一般来说，选择品种应考虑以下几方面。

（1）消费习惯及栽培目的　选择品种时须考虑本地区及目标市场的消费习惯。目前，我国的茄子品种主要有四大消费类型：长江流域以及东北地区大部分为黑紫长茄和紫红长茄消费区，华南地区主要为紫红长茄消费区，华北地区主要为紫红大圆茄消费区，西北地区为主要的青茄和紫红茄消费区。辣椒在我国有广泛的分布，但各地对辣椒的消费需求相差较大，主要体现在对果实辣味浓淡的嗜好方面。在大、中城市，辣椒以鲜食为主，宜选鲜食品种，而四川、贵州、云南、湖北、陕西等省的粮作区以出口干辣椒为栽培目的，宜选加工型的品种。

（2）栽培设施及栽培季节　保护地设施栽培宜用早熟、耐寒、抗病、丰产品种。露地栽培应选择结果性、商品性好的品种。夏季栽培和延秋栽培要选择抗热性和再生能力强、品质好的品种。

（3）当地的气候条件　尽管茄子、辣椒属于喜温、较耐热、对光周期不敏感的类型，但各品种对环境条件，特别是气候条件的要求存在一定的差异。因此，在选择品种时，应注意到品种的特点及当地的气候条件。

（4）当地病虫害的发生情况　茄子的病虫害较

多，一般来说，应选用对青枯病、黄萎病、绵疫病、灰霉病、早疫病和褐纹病等主要病害具有较强抗性的品种。

**深入阅读**

　　汪炳良.番茄、茄子、辣椒生产答疑解难（第三版).北京：中国农业出版社，2010

# 十二、豆类蔬菜

## 81. 豆类蔬菜有哪些种类?

豆类蔬菜是指豆科一年生或二年生的草本植物,主要有豇豆、菜豆、"毛豆"(大豆)、豌豆、蚕豆、扁豆、菜豆和刀豆等。这些种类中依其生物学特性的不同,可分为好温性豆类蔬菜(如豇豆、菜豆、毛豆、扁豆、菜豆和刀豆)和耐寒性豆类蔬菜(如豌豆和蚕豆)两大类。

好温性豆类蔬菜原产于热带,性喜温暖,不耐霜冻.要在断霜后才宜播种和移栽。如菜豆在 18~20℃,豇豆在 20~25℃生长良好,扁豆在 35℃的高温下也能正常生长。这类蔬菜虽属于短日照作物,但很多品种属于中光性,对日照要求不严格。

耐寒性豆类蔬菜,性好冷凉,幼苗有较强的耐寒力,一般在零下 5 ℃以上也不会冻死。生长期以月平均温度 12~16℃较为适宜,开花、结荚期最适宜的温度为 15~18℃。这类蔬菜为长日照作物,但豌豆的有些品种在短日照条件下亦能开花。

# 82. 新旧豆类种子如何识别？

（1）肉眼观察种子外表　一般新种子表皮油光而有亮泽、饱满，脐白较硬，无虫口。旧种子表面色泽发暗，色变深，不光滑，脐发黄，附有一层"盐霜"。

（2）用嘴咬种子尝味　新种子口咬有涩味，有香气，旧种口嚼无涩味，闻不到香气。

（3）听　将豆类种子抓一把在手中摇动，听其声音的清脆程度。声音脆的其含水量低，多为失去发芽率的陈种。声音沉浊，不清脆的发芽率好。

（4）用手剥种皮见子叶　新种子子叶呈浅黄绿色，同时种子内含油分较多，子叶与种皮紧密相连，从高处落地声音实。而旧种子的子叶呈深黄色或土黄色，含油分较少。子叶与种皮脱离，从高处落地声音发空。

（5）催芽鉴别法　在 25～30℃ 下，豆类种子2～3 天发芽，发芽快、发芽率高的，是新种子。

# 83. 购种时如何判定豆类种子真伪？

豆类种子的形状有球形、、卵形、肾形、椭球形及短柱形等，种皮的颜色有纯白、乳黄、淡红、紫红、浅绿、深绿及墨绿色等，有的为单色，有的为杂色具斑纹。鉴别豆类种子真伪在通过种子形状、大小、色泽，以及种子表面有无疣瘤和花纹等。

**知识点**

　　优质的四季豆种子个大、饱满、色鲜艳、干燥。蚕豆按种皮颜色不同可分为青皮蚕豆、白皮蚕豆和红皮蚕豆等。质量好的蚕豆种子应是角大籽饱，皮色浅绿，无虫眼无杂质。

# 十三、瓜类蔬菜

## 84. 瓜类蔬菜主要有哪几种类型？

瓜类蔬菜在我国栽培的种类很多，其中有黄瓜、南瓜、冬瓜、丝瓜、甜瓜、西瓜、葫芦、苦瓜、佛手瓜、蛇瓜和吊瓜（栝楼）等。大多为一年生的蔓性草本植物，佛手瓜和吊瓜为多年生。瓜类蔬菜除黄瓜外，其他种类都有发达的根系，但根的再生能力弱。瓜类是雌雄同株异花植物，都起源于热带，性喜温暖，不耐寒冷。按结果习性可分为三类：第一类是以主蔓结果为主，如早熟黄瓜、西葫芦等；第二类以侧蔓结果为主，如甜瓜、葫芦等；第三类主蔓和侧蔓都能结果，如冬瓜、丝瓜、南瓜（中国南瓜和笋瓜）、西瓜、苦瓜等。

## 85. 农户播种后多余的瓜类种子如何保管？

农户使用后剩余的少量种子，先晒干，再装入塑料袋、纸袋、布口袋中，放入干燥器内。干燥器可以用玻璃瓶、小口而有盖的缸瓮、塑料桶、金属罐等。在干燥器底部放入生石灰、硅胶或木炭等，再上面放种子袋，然后加盖密闭。

# 十四、西甜瓜

## 86. 西甜瓜主要有哪几种类型？

西瓜按肉质颜色分主要有黄瓤、红瓤和黄白瓤西瓜等；按果型大小分有大西瓜和小西瓜；按瓜瓤中的种子来分可分成有籽西瓜和无籽西瓜；按熟性分可分成早熟、中熟、晚熟西瓜。

我国栽培的甜瓜有五个变种：普通甜瓜、网纹甜瓜、哈密甜瓜、越瓜和菜瓜。

## 87. 如何合理选用西甜瓜品种？

农户应结合当地消费习惯、气候、土壤、栽培方式和茬口安排等情况，合理选用品种。在选购种子的时候，辨认种子真伪主要依据种子的外形、颜色和千粒重等方面并结合以前购种的情况来判定。购种时要详细阅读包装上的说明，详细了解品种的特征特性，并要看清种子产地、生产年份、生产商或经销商。对要求审定或认定的瓜类品种，要仔细察看其审定号或认定号同品种名称是否相符，要是有怀疑也可咨询当地的种子管理部门进行核实。在购种时要选择信用良好的商家，以免购到假冒伪劣种子。

## *88.* 如何鉴别西甜瓜种子的优劣？

好的西甜瓜种子饱满、无霉变、发芽整齐、出苗快。具体鉴定可采用剥胚或切割种子的快速发芽法。原理是瓜类种子在去除种皮后，在合适的温、湿度和光照条件下，在1～2天内子叶即可开展转绿，接着胚根、胚轴伸长；而不具生活力的种子则很快霉烂。其方法是剥取完整胚体放在吸胀水分并拧干的吸水纸（餐巾纸）间，在加光、保湿、保温（30℃）的条件下培养1～2天后即能观察结果。

# 十五、其他蔬菜

## 89. 白菜等十字花科蔬菜种子如何辨别真假及新旧？

白菜：种子寿命4～5年，使用年限1～2年。成熟饱满的新种子，表皮呈铁锈色或红褐色，表皮光滑新鲜，用指甲压开，子叶为米黄色或黄绿色，油脂较多，表皮不易破裂；陈种子表皮呈暗铁锈色或深褐色，发暗，无光泽，常有一层"白霜"，用指甲压开，子叶为橙黄色，表皮碎裂成小块。

甘蓝：种子寿命5年，使用年限1～2年。新种子表皮枣红色或褐红色，有光泽，种子大而圆，用指甲压开，饱满种子子叶为米黄色，欠熟种子子叶为黄绿色，压破后种皮与子叶相连，不易破裂，油脂多；陈种子表皮铁锈色或褐红色，发暗，无光泽，种子皱小而欠圆，用指甲压开，子叶为橙黄色，略发白，压破后子叶与种皮各自破裂成小块。

花菜：种子寿命5年，使用年限1～2年。花菜和青花菜为甘蓝的变种，故其种子外形上与甘蓝差异不明显。

> **专家告诉你**
>
> 　　用催芽法鉴别白菜、萝卜等十字花科种子新旧。白菜、萝卜等十字花科种子在 20～25℃条件下，2～3 天发芽；芹菜在 15～25℃条件下，5～6 天发芽。发芽快、发芽率高的，是新种子。

　　萝卜：种子寿命 5 年，使用年限 1～2 年。新种子表皮光滑，湿润，呈浅铁锈色或棕褐色，表皮无皱纹或很少皱纹，子叶高大凸出，胚芽深凹。用指甲挤压易压成饼状，油脂多，子叶为深米黄色或黄绿色；陈种子表皮发暗无光泽，干燥，呈深铁锈色或深棕褐色，表皮皱纹细而明显，用指甲挤压不易破，油脂少，子叶为白黄色。

## *90.* 如何辨别芹菜种子真假及新旧？

　　芹菜种子寿命 6 年，使用年限 2～3 年，新种子必须存放 1 年以上才能作种，当年的芹菜种子不能当年播种。新种子表皮土黄色稍带绿，辛香味很浓；陈种子表皮为土黄色，辛香味淡，特别是存放 2 年以上的陈种，几乎没有芳香味.

## *91.* 十字花科蔬菜和芹菜种子自己可以留种吗？

　　白菜、甘蓝、花菜、萝卜等十字花科蔬菜和芹菜属于异花授粉植物，种子生产过程中自然杂交率在 50％以上，其遗传基因型通常为异质结合，不易纯化，自交衰退严重，种子生产须设立专门的留种田，进行严格的隔离，才能保持种子原有的特性，农户自行留种难以保持品种的优良种性。因此十字花科蔬菜和芹菜种子不提倡农户自己留种。

# 92. 白菜常见的品种有哪些？

白菜类蔬菜是指十字花科芸薹属、芸薹种，以叶球、嫩茎和嫩叶为产品的一类蔬菜，在中国栽培历史悠久，品种资源丰富，分布广阔。白菜类蔬菜根据其食用部份可分为结球白菜、不结球白菜、菜薹（菜心）及其他白菜类型。结球白菜分布中国各地，以北方面积较大，可四季栽培，但以秋冬栽培，冬春供应为主；不结球白菜各地都可栽培，以南方面积较大，可四季生产，周年供应；菜薹主要分布在长江流域和华南地区；薹菜主要分布在黄淮河流域。

（1）结球白菜　结球白菜俗名大白菜、包心菜，有以下 4 个变种。

散叶变种：顶芽不发达，不能形成叶球，耐寒耐热性均较强。主要在春夏季作为绿叶菜栽培。代表品种有仙鹤白等。

花心变种：顶生叶向外翻卷，呈白色、淡黄色，形成花心状态。一般都具早熟性,较耐热。多用于秋季早熟栽培,如翻心白等。

结球变种:顶生叶全部抱合。可分为 3 类:①直筒型:叶球细长呈圆筒状,球顶尖,叶片肥厚,叶色深绿,适应性强。②卵圆型:叶球呈卵圆状,球顶稍圆,叶片较薄,叶色绿或浅绿,要求温和湿润气候。③平头型:叶球呈倒圆锥形,顶平下尖,叶片厚度中等,叶色绿或淡绿,适应气温变化激烈和空气干燥的气候条件。

此外,按叶色可分为白帮和青帮类型,特色品种有彩色白菜,外叶绿色,叶心全部橘红色;还有形体较小的娃娃菜等。

(2)不结球白菜 又名小青菜、青菜、油菜等。按其栽培季节,又分为秋冬白菜、春白菜、夏白菜3 类。

秋冬白菜:南方广泛栽培,品种多。株型直立或束腰,秋冬季栽培,翌春抽薹早。代表品种南京矮脚黄、上海矮箕、杭州早油冬、苏州青等。

春白菜:一般在冬季或早春栽培,长江中下游地区 3~4 月份抽薹,抽薹前采收供应市场。代表品种有南京亮白叶、无锡三月白、南京四月白、杭州蚕白菜、上海四月慢等。

夏白菜:5~9 月份夏季高温季节栽培与供应,称"火白菜"、"伏白菜"。直播或育苗移栽,以细嫩秧苗或成株供食用，具生长迅速、抗逆性强的特点。代表品种有杭州火白菜、上海火白菜、南京矮杂 1 号等。

# 93. 甘蓝常见的品种有哪些？

甘蓝依叶片特征可分为普通甘蓝、皱叶甘蓝、紫甘蓝、抱子甘蓝和球茎甘蓝。依叶球形状分尖头、圆头和平头 3 种类型。

（1）尖头类型　多为早熟或中熟品种，从定植到收获 50~70 天。冬性较强，不易先期抽薹。植株较小，球顶部尖形，整个叶球成心脏形。品种有大牛心、小牛心、鸡心甘蓝等。

（2）圆头类型　叶球顶部圆形，多为中早熟品种。外叶小而生长紧密，叶球紧实。代表品种有中甘 11 号、中甘 12 号、园春、寒光等。

（3）平头类型　植株较大，叶球顶部扁平，整个叶球扁圆形，多为中晚熟品种，从定植到收获 70~120 天，抗病性强。品种有黑叶小平头、黄苗、夏光、京丰 1 号和晚丰等。

# 94. 花椰菜常见的品种有哪些？

花椰菜又名花菜、菜花，是十字花科甘蓝属的一个变种。按花色可分为 4 类：传统白色、新出的金黄色和紫色、还有宝塔型的宝塔花菜。按生育期长短可分为早熟品种、中熟品种和晚熟品种。

（1）早熟品种　生长期较短，苗期 25～30 天，定植至采收需 40～60 天，冬性较弱，适宜春季栽培。主要品种有澄海早花、福州 60 日、同安早花菜、上海四季 60 天等。

（2）中熟品种　苗期 30 天左右，定植到采收需 80～90 天，冬性稍强，适应性较广，适宜秋季栽培。主要品种有荷兰雪球、珍珠 80 天、福农 10 号、申花 2 号等。

（3）晚熟品种　植株高大，成熟较晚，耐寒性和冬性都较强，单个花球重多在 1.5～2.0 千克或以上。定植到采收需 100～120 天。适宜冬季栽培。主要品种有福建 120 天、150 天、申花 5 号、洪都 16 号等。

## 95. 萝卜常见的品种有哪些？

萝卜常见有红萝卜、青萝卜、白萝卜、水萝卜和心里美等。根据生长季节可分为五类：

（1）秋冬萝卜　目前栽培面积最大，通常于夏末秋初播种，秋末冬初收获。又分为：①菜用萝卜：代表品种有薛城长红、徐州大红袍等；②水果萝卜：代表品种有北京的心里美、山东的潍县青等；③加工用萝卜：代表品种有新闸红萝卜等。

（2）冬春萝卜　晚秋初冬播种，露地越冬。代表品种有杭州的大缨洋红萝卜、成都和武汉的春不老萝卜等。

（3）春夏萝卜　3～4月份播种，5～6月份收获。代表品种有南京泡里红、南京五月红等。

（4）夏秋萝卜　夏季播种，秋季收获。代表品种有广州的蜡烛红、马耳等。

（5）四季萝卜　都是扁圆或长形的小萝卜，生长期很短。代表品种有南京洋花萝卜、上海小红萝卜等。

# 96. 芹菜常见的品种有哪些？

根据叶柄的形态，芹菜可分为中国芹菜和西洋芹菜两类：

（1）中国芹菜　别名本芹，叶柄细长，高100厘米左右，叶柄横切面1～2厘米。依叶柄颜色分为青芹和白芹。青芹：植株高大，叶片较大，绿色，叶柄较粗，香气浓，产量高，不易软化；白芹：植株矮小，叶较细小，淡绿色，叶柄较细，黄色或白色，香味淡，品质好，易软化。如贵阳白芹、昆明白芹、广州白芹。

按叶柄分有实心和空心两种：实心芹菜产量高耐贮藏，如北京实心芹、天津白庙芹菜、山东桓台芹菜、开封玻璃脆芹菜等。空心芹菜宜夏季栽培，如福山芹菜、小花叶和早青芹等。

（2）西芹 株高 60～80 厘米，叶柄肥厚而宽扁，宽达 2.4～3.3 厘米，多为实心，味谈，脆嫩，不及中国芹菜耐寒耐热。单株重 1～2 千克。有青柄及黄柄两个类型。著名的品种有意大利冬芹、佛罗里达 683、荷兰西芹等。

# *97.* 大蒜有哪些类型与品种？

中国大蒜品种资源丰富，其栽培类型按鳞茎外皮颜色可分为紫皮蒜和白皮蒜两种类型。一般紫皮蒜的蒜瓣少而大、辛辣味浓、产量高、耐寒性差，华北、东北、西北适宜春播。白皮蒜有大瓣种和小瓣种，大瓣种以生产蒜头和蒜薹为主，是生产上的主栽类型；小瓣种适于蒜黄和青蒜栽培。根据蒜薹的有无，大蒜又可分为无薹蒜和有薹蒜两种类型。常见的大蒜品种有：

（1）苍山大蒜 山东省苍山县地方品种，是我国大蒜的重要出口品种。一般每亩产鲜蒜头 800～1 000 千克，蒜薹 500 千克左右。

（2）金乡大蒜 又名杂交蒜、改良蒜、苏联大蒜，由原苏联引入我国，后经人工选择而成。蒜皮可分为红色和纯白色两个品系，以生产蒜头为主。

（3）拉萨白皮大蒜 适应性强，抽薹率低，蒜头耐贮，适于高寒地区栽培。

（4）陕西蔡家坡紫皮蒜 早熟高产，宜作青蒜、蒜薹和蒜头栽培，为陕西省主栽品种。

（5）四川二水早　又名成都二水早、二早子，四川省成都市金堂地方品种，属蒜薹专用种。早熟，生长期210天左右。比较耐热、耐寒、抗病。

此外，还有山东嘉祥紫皮大蒜、河北定县紫皮蒜、上海嘉定大蒜、浙江杭州白皮大蒜、西藏拉萨白皮大蒜、天津宝坻六瓣红、云南云顶早蒜等地方品种仍在生产上使用。另外，江苏大丰三月黄、贵州毕节白蒜、河北永年大蒜、山西应县大蒜、河南临颍的宋城白蒜等，都是有名的出口外销品种。

## 98. 如何合理选用生姜品种？

我国生姜地方品种较多，特性各异，应根据栽培目的选用适宜的生姜品种。首先考虑选用高产品种，如山农1号、山农2号、莱芜大姜等；其次，考虑销售市场的需求，如日本市场要求姜块肥大、皮色鲜黄光亮，而中东及东南亚地区则一般要求姜块中等大小。此外，还应考虑生姜加工方式，如脱水加工要求根茎干物质含量高，腌渍加工要求根茎鲜嫩、纤维素含量低，而精油加工则要求根茎挥发油含量高。

## 99. 怎样选择食用菌栽培种类和品种？

我国规模化栽培的食用菌有50多种，首先要确定种哪种，是平菇、香菇还是木耳？选择栽培种类时切忌猎奇，因为种菇的目的不是为了标新立异，而是为了获得经济效益。栽培种类的确定要根据自己的栽培设施和环境条件及市场需求为立足点。如我们都知道真姬菇价格好，但是由于子实体形成和生长对温度要求苛刻，塑料大棚不宜种植，如果在塑料大棚中栽培就只能选择出菇不要求恒温的平菇、香菇、毛木耳等种类。选择栽培种类之前最好做一下市场和生产调查，了解产品的市场价格和栽培原材料价格，比较和计算拟选择种类的栽培成本，进行产品的市场定位。

确定栽培的种类后再选择品种。每种食用菌中又有很多品种，特别是大宗栽培的平菇、香菇、黑木耳等种类、品种更多，每种食用菌生产上使用的都有十几个甚至二十几个性状不同的品种。这就要根据栽培季节的气候和市场定位来决定，不同的品种适合于不同的季节和产品形式。如香菇，如果需要夏季出菇就要选择耐高温品种，如武香 1 号；如产品定位在干品市场就要选择风干率较高的 2414；选择海外市场的保鲜菇就以 939 更适宜。

**链接**

中国农业推广网（http://farmers.org.cn）

# 十六、水16果

## 100. 如何鉴别水果种子质量？

水果种子质量的好坏，直接影响到出苗率。生产中常用的检验方法有直接观察法、浮沉法、切开法。

（1）直接观察法

根据种子表皮颜色和光泽，判断其质量。如毛桃核，当年新采摘的桃核外壳光

**深入阅读**

浙江省农林局.育苗造林手册.杭州：浙江人民出版社，1975

亮、色泽鲜艳，失去光泽外观变黄的桃核一般多为陈种。

（2）浮沉法　根据在水中浮沉粒数，确定种子质量。一般下沉的多为饱满优良的，上浮的常为空粒、瘪粒或受病虫害的种粒。如浙江柿种子，将其放入水中，根据浮沉程度可以判断种子的饱满程度，从而可推测种子的新鲜程度与质量。

（3）切开法　随机取出样品种子，浸种 1～2 天，等种子吸水膨胀切开，直接观察或用放大镜观察种子的各部分及其饱满程度，以确定其中空粒、

腐烂粒（包括虫害粒）和优良种子的粒数。健全种子的胚、胚乳或子叶一般色白而丰满，少数为淡黄色。

# 101. 水果良种苗木应如何鉴定真伪优劣？

为了防止品种混杂、品种不纯，生产中所用苗木有必要进行品种鉴定。苗木真伪鉴定的目的，一是确定品种的真实性，二是确定品种的纯度。一批苗木，苗木品种真伪鉴定一般要三次。第一次在苗木的生长期中，第二次在苗木落叶休眠之后；第三次在苗木出圃的起苗期。

其真伪鉴定方法，采用抽样检查方法。根据原种母树的特征和预定的项目，对被鉴定的植株逐一进行检查枝条、芽、叶的性状和苗木萌动期、萌芽期、新梢生长期、二次生长期、落叶期和生育期特性。品种鉴定应以生长期中的鉴定为主，落叶期和起苗期为辅。凡是样本性状与母本相符合者，即可认为品种正确，其典型植株超过95％者，即达到纯度标准。

其优劣鉴定方法，看苗木是否符合以下条件：

①品种确切，纯度在95％以上；

②生长发育正常，干高和分枝应达到一定的标准；并且组织充实，枝条老熟，芽多饱满。

③根系发达，有一定的粗度、长度和侧根数目；

④在整形带内应有一数量的充实饱满正常芽；

⑤嫁接部分愈合良好，愈合程度应在 1/2 以上；

⑥根颈弯曲度不宜过大，一般不超过 15°；

⑦苗身无严重的机械损伤；

⑧无检疫对象的病虫害，一般病虫害也很轻微。

如果条件全部符合，则该批苗木为优质苗木；否则就是劣质苗木。

# 十七、茶树

## 102. 选用茶树良种要把握哪些原则？

茶树是多年生木本植物，一经种植生产期长达数十年，品种更换周期长，投资大，因此选用茶树良种必须慎重，应掌握以下原则：

（1）因地制宜 拟选用茶树良种的适应性和适制性必须能适应当地的自然条件，符合当地生产茶类的要求，以克服选用良种的盲目性，避免不必要的损失。

> **知识点**
>
> 无性系良种茶树优势明显，其种质优良、发芽整齐、内含物丰富、制茶品质优异，产量比一般品种高 20% ~ 30%，抗逆能力强，是茶叶竞争力的基础。

（2）合理搭配 一个地区或单位，不能仅选用单一品种，而要注意选用早、中、晚不同发芽期以及适制不同茶类品质特点的良种，确定合理的搭配种植比例，以调剂茶季劳动力、设备的矛盾，适应生产不同茶类的需要，提高应变能力和经济效益。良种茶园布局应按照"相对集中、突出重点"的原

则，选好当家品种和搭配品种。通常当家品种应占
70％以上，以早、中生品种为主；搭配品种占 30％
左右。良种茶园的每个品种均应做到集中连片种植，
不宜分散插花栽种。

（3）以无性系良种为主　国内外茶叶生产实践
证明，茶树无性系良种不仅产量高，而且品质优点
突出，发芽整齐，能适应机械化采摘的要求。因此，
今后发展新茶园和低产茶园改种换植，应选用无性
系茶树良种为主。

（4）重视良种苗木检疫　从外省、外地区引入
茶树良种苗木时，必须重视苗木的检疫和消毒工作，
严防新的病虫害传入。

# 103. 如何选择优质无性系良种茶苗？

优质无性系良种茶苗需符合以下条件：茶苗高
度（从地面至顶芽基的距离）不低于 25～30 厘米；
主茎离地面 3 厘米处直径不小于 3 毫米；主茎离地
20 厘米处已木质化，根系生长正常；无危险性病虫
害寄生，无检疫性病虫害，如茶根结线虫、茶饼
病等。

# 104. 我国各茶区主要推广的茶树品种 有哪些？

我国四大茶区的主推良种见表 10。

**表 10　国内四大茶区的主推良种**

| 四大茶区 | 省份 | 主推茶树品种 |
|---|---|---|
| 江南绿茶茶区 | 浙江省 | 龙井 43、嘉茗 1 号（乌牛早）、白叶茶 1 号（安吉白茶）、中茶 108、迎霜、中茶 102、浙农 113、117、139 |
| | 江苏省 | 龙井 43、浙农 117、嘉茗 1 号（乌牛早）、白叶茶 1 号（安吉白茶）、迎霜、福鼎大白茶、苏茶 1 号、锡茶 11 号 |
| | 安徽省 | 舒茶早、农抗早、平阳特早、石佛翠 |
| 华南乌龙茶茶区 | 福建省 | 茗科 1 号（金观音）、黄观音、金牡丹、悦茗香 |
| | 广东省 | 凤凰水仙、英红 1 号、9 号 |
| | 台湾省 | 台茶 12 号（金萱） |
| 西南红茶、特种茶茶区 | 云南 | 云抗 10 号 |
| | 四川 | 早白尖、南江 1 号 |
| | 贵州 | 湄潭苔茶、黔湄系列 |
| 江北绿茶茶区 | 湖北 | 鄂茶 5 号 |
| | 湖南 | 储叶齐、湘波绿 |

# 十八、中药材

## 105. 中药材种子种苗有哪些类型？

中药材繁育材料主要有两大类：种子和种苗。种子主要是草本中药材（如桔梗、白芷、板蓝根、甘草、龙胆等）和木本中药材实生苗的繁育材料。而大部分中药材是用种苗繁育（营养繁殖）的，中药材种苗主要类型有：鳞茎（如贝母、百合）、球茎（如半夏、西红花）、块茎（如延胡索、天麻）、根茎（如白术、山药）、块根（如太子参、何首乌）、珠芽（如半夏、百合）等。木本中药材的种苗有实生苗（如栀子、红豆杉）、扦插苗（如金银花、雷公藤）、嫁接苗（如银杏、枸杞），另外还有组培苗（如铁皮石斛、金线莲）。种苗繁育的中药材一是因为不结籽，如半夏、延胡索、川芎；二是因为虽然结籽，但采用种子繁殖生长年限长，产量低，生产应用意义不大，如贝母用鳞茎繁育一年一收，用种子繁殖一般要 6 年以上才能收获商品。

## 106. 购种时如何判定中药材种子真伪优劣？

生产实践中，药农在购买种子时，有一些简单易行的鉴别假冒伪劣种子的方法。如板蓝根种子超过 2 年几乎没有发芽率。一般新产的板蓝根种子（又称大青籽）外表颜色蓝黑色，光泽度好、发亮，清香味较浓，用手剥开外皮，内仁颜色较青；而陈种子外表颜色为灰黑色，已失去光泽、发乌，清香味很淡，有的还带有潮湿味，剥开外皮，内仁颜色为黄白色或红色。此外，新种子晾晒不及时，会发生变化，外表颜色发绿，失去光泽，不再发亮，俗称焐籽。焐得较轻的内仁颜色为黄白色，较严重的内仁颜色发红，前者对发芽不会有太大的影响，后者就难以保证发芽率了。

丹皮（牡丹）种子的寿命很短，一般不超过半年。通常情况下，夏季收获的牡丹种子要放在室温下用潮土培藏，然后秋季播种，所以购牡丹种子要购新鲜的。一般新种子外皮较鲜、水分较足，内仁发白且水分很足；而陈种子外皮较干，用手一捏外皮凹陷，剥去外皮可以看出内仁断面发黄或黄白色。有的种子商把陈种子放入水中浸泡，晾干后掺入新种当中，但是水浸过的陈种子内仁断面不是纯白色的。

黄芩种子相对以上两品种比较难辨新陈，若新种子存放时间稍长，种子颜色会变淡，贮存时间较短，种子颜色为深黑色。但是有的种子商给陈种子染色充当新种子，所以光凭眼观还不够，还需要手搓揉，然后看手心是否被染黑，染黑的证明是陈种子。此外还可将黄芩种子样品放入水杯中用温水浸泡一天，之后取出种子，用手指捻去外皮，看内仁是否发白且有芽胚，内仁发黄者为陈种子。

　　白芷新种子香味很浓，陈种子香味较淡；陈种子由于存放的时间长，种子本身的水分消耗过多而易破皮，破片较多，用手搓揉很容易破碎，而新种子外干内湿，只会破边。

　　家种柴胡种子发芽很慢，水浸法不可取，新陈种子颜色区别较大，用眼观即可。一般新种子为青色或青黑色，且有光泽；而陈种子外表为淡青色，近似灰色，且无光泽。

　　由于中药材种类太多，无法一一列举。在购买中药材种子时，尤其应该注意正确鉴别陈种子。因为，陈种子不是假冒种子，但是发芽差或无法出苗，一般难以鉴别。因此，有条件时，最好是能用测定种子发芽率的方法来进行鉴别；或购买时，卖家和买家各留一份小样，用纸袋封存，封口分别签字或盖章，在出现种子质量问题时启封做检测。

　　中药材繁殖材料还有很大一类是种苗。相对来说，种苗的假冒伪劣的鉴别要容易些，主要是从个头大小、苗高、地径、新鲜程度、水分含量、霉烂情况等较为直观的指标来做鉴别。但也应该注意真伪的鉴别，如半夏和天南星的球茎非常相像，难于区分；不同的农家品种的种苗也较难区分，大多只能在出苗后才能分出来。铁皮石斛等组培苗，最好是购买经过炼苗的种苗。瓜蒌等雌雄异株的中药材，购种苗时还应考虑雌株和雄株的比例。

下面以人参种苗和枸杞苗木为例，具体说明一下中药材种苗的优劣鉴别标准。人参种苗又称种栽，由主根、须和芦头（越冬芽）组成，优良的种苗根、越冬芽肥大，浆气足，无病斑、无红锈、无缺须断头、无损伤，须和芦头完整，体型好。育苗年限和等级标准见表11。

### 表11　人参种苗标准

| 育苗年限 | 等级 | 标　　准 |
|---|---|---|
| 2年生苗 | 一 | 根重不低于4克，每千克根支数不多于250支，根长不低于17厘米 |
| | 二 | 根重不低于3克，每千克根支数不多于333支，根长不低于15厘米 |
| | 三 | 根重不低于2克，每千克根支数不多于500支，根长不低于13厘米 |
| 3年生苗 | 一 | 根重不低于20克，每千克根支数不多于50支，根长不低于20厘米 |
| | 二 | 根重不低于13克，每千克根支数不多于75支，根长不低于20厘米 |
| | 三 | 根重不低于8克，每千克根支数不多于125支，根长不低于20厘米 |

（引自人参种苗国家标准GB6942—1986）

再比如，根据国家标准 GB/T19116—2003《枸杞栽培技术规程》，宁夏枸杞苗木分级标准见表12。按照此标准将枸杞苗分为3级。分级指标主要有2项：苗高和地径，并且苗木地径只要在0.7厘米以上都为一级苗。但也有地径在1.0厘米以上，第一层树冠基本形成，有骨干枝4～6条的大苗。建园时选用0.7厘米以上的大苗，有利于树冠形成并获得早产和高产。不合格的苗木留在苗圃中继续培养。

**表12　宁夏枸杞苗木分级标准**

| 等级 | 苗高（厘米） | 地径（厘米） | 侧枝（条） |
| --- | --- | --- | --- |
| 一 | 50 以上 | 0.7 以上 | 4～6 |
| 二 | 40～50 | 0.5 以上 | 2～3 |
| 三 | 40 以下 | 0.5 以下 | 无 |

（引自 GB/T19116—2003 枸杞栽培技术规程）

中药材种苗作为无性繁殖材料，鉴别时应特别注意是否带有病原菌和虫卵、幼虫等。一般可以通过

**链　接**

　　《中药材 GAP 认证检查评定标准（试行）》涉及真伪和种子种苗的条款

观察病斑、虫口能情况来判断。跨境采购、长途运输时必须进行检疫，获得检疫证书。

**知识点**

　　道地中药材是指传统中药材中具有特定的种质、特定的产区或特定的生产技术和加工方法的中药材，其形成有一定的历史。"道地"二字具有原产、真实、特有、优质等含义。我国的道地中药材有 200 余种。如浙八味、四大怀药、建泽泻、川贝、广藿香、关防风、岷党参等。道地中药材通常包括以下特点：①具有特定的优良种质；②产区相对固定，具有明确的地域性；③生产较为集中，其栽培技术和产地加工均有一定特色，比其他产区的同种中药材品质佳，质量好，具特有的质量标准；④具有一定的形成历史，是逐步的、长期的、自然形成的，它是一个优胜劣汰的选择结果；⑤具有较高的经济价值；具有丰富的文化内涵。

# 第三部分
# 良种繁育及育苗技术

三农热点面对面丛书

# 一、水　稻

## 107. 杂交稻制种技术主要有哪些？

用恢复系作父本和不育系杂交，生产杂交种子的过程，叫做杂交水稻制种。杂交水稻制种的主要技术环节包括：

（1）选好本田　制种田要根据隔离条件的要求，选择水利条件好、排灌方便、阳光充足、病虫害少、土壤肥沃、交通便利的大面积成片田制种，避免用望天田、新开田和病害重的田作制种田，特别注意要没有水稻的植物检疫对象，如水稻细菌性条斑病。

（2）搞好隔离　制种田周围100米以内，除种植父本外，不应有其他水稻品种，才能使不育系在开花期间，只接受单一父本的花粉，保证种子的纯度。

（3）选择父母本最佳的抽穗扬花期，使花期相遇　这是关系到制种产量高低和成败的关键。首先，要根据父母本的生长发育规律及其对外界环境条件的要求安排好它们的抽穗扬花授粉期。其次，要根据父母本各自从播种到始穗所需要的天数、叶龄、有效积温倒推，算出父母本的播差期和播种期。再次，要根据父母本各自的适宜秧龄期确定出适宜的插秧期。

（4）搞好父母本花期预测与调节 父母本的生育期除受父母本遗传特性所决定外，同时还受到气候变化、土壤性质、秧苗素质、秧龄长短、插秧深浅、肥水管理等因素的影响，往往使父母本的抽穗期比原计划提早或推迟，造成花期不遇或不能全遇。因此，必须在原先安排的播差期基础上，认真搞好花期预测，及早发现问题，争取主动，及早采取调节措施，以达到花期全遇的目的。

（5）辅助授粉 制种面积大时，为掌握开花时机，不延误授粉时间，可用拉绳索赶粉的办法辅助授粉，增加结实籽粒。具体操作为：用一根 0.4 厘米直径的尼龙绳，在绳子中间悬吊一个光滑的矿泉水瓶子，在瓶子里装入沙或水，田大的少装一些，田小的多装一些，以每秒 1～2 米的速度沿逆风紧拉绳索匀速赶粉。如果上午阴雨，下午突然转晴时要抢晴快赶重赶；多云阴天慢赶轻赶；雨后天晴有花开时也要赶粉，做到有粉必授。

# 108. 常规稻种子如何生产？

我国还有相当一部分地方种植常规稻品种，种常规稻品种的农户完全可以自己留种，无需年年买种。但自己留种时一定要注意以下几点：

（1）确定所种的品种必须是常规稻，上一年购买的是原种或原原种，而且整个生产过程中没有发生过混杂。

（2）准备做种子的田块要严格去杂、去劣、拔除异样单株。

（3）收获时要单打、单收、单放，要特别注意打谷时发生机械混杂。

常规稻生产原种或简易原种可采用两种办法：①株行提纯复壮法，主要农作物都可采用。此法简便易行，效果好，增产显著。具体做法包括单株选择、分系比较、混系繁殖等三个环节。即从纯度较高的田中选单株，第一年种株行圃分系比较。第二年选优去劣后混系繁种原种圃，第三年种简易原种田，种子收获后种大田。此法适用于育种单位和良种生产销售单位。②穗选法或片选法。一是根据用种量选穗留种；二是把准备留种的地块搞好去杂去劣。此办法适用于农民群众自留种。

# 109. 水稻育秧方式有哪些？

按灌溉水的管理方式不同，水稻育秧可分为三种方式，即水育秧、半旱秧和旱育秧。

水育秧：水整地、水作床，带水播种，育秧全过程除防治病虫外，一直都建立水层。

　　半旱秧：水整地、水作床、湿播种，出苗后根据秧田缺水程度，间歇灌水，以湿为主。

　　旱育秧：旱整地、旱作床、旱播种，缺水补水，整个育苗过程不建立水层，秧田后期可以喷水或视情况灌跑马水。

　　按育秧方法不同有露地育秧和塑料薄膜保温育秧。保温育秧因栽培方法和地区不同，又有塑料大棚和隧道式拱棚育秧或平铺育秧。

　　按播种下垫不同，有无土育秧和有土育秧、有露地播种育秧和隔离层育秧（软盘、钵盘、有孔地膜及塑料编织袋等）、有旱田、园田、庭院、大地高台及本田育秧。

　　按保温材料不同，有塑料薄膜有孔、无孔薄膜覆盖、无纺布覆盖和地膜双层覆盖等育秧方式。有宽床、窄床育秧及开闭式上通风和下通风等育秧方式。

　　农户具体应用哪种方式则应因地制宜，根据实际情况运用。

# 二、玉米 2

## 110. 玉米种子如何生产?

玉米制种是用两个遗传性状不同的自交系或品种进行杂交的过程。玉米制种需注意以下几方面:

(1) 确定父母本种植适宜行数比 玉米单交种制种父母本行数比一般 1:5~6。在保证父本花粉充足的前提下,尽量增加母本行数,以求提高制种产量。每亩父母本种植株数一般平展型玉米自交系,母本不少于 3 500 株,父本 800~1 000 株;紧凑型玉米自交系,每亩母本种植 5 000~5 500 株,父本 1 000 株左右。

(2) 设置安全隔离 玉米制种,都必须设置隔离区,确保周边一定范围内没有其他玉米生长,这是防止天然杂交发生生物学混杂的有效办法。隔离方法有以下两种:

①空间隔离。自交系繁殖间隔距离不少于 500 米,玉米制种一般需 300 米。

②时间隔离。空间隔离有困难条件下可选择错开播期,以求开花时间错开,一般需要 40 天以上。

（3）预测花期和调节

①常用预测方法有叶片测定和幼穗分化观察法。叶片测定需要清楚父母本叶片总数前提下，选择10～20株典型植株，进行定点测定，以推断父母本是否相遇。一般情况下，在花期前半月，以父本未出叶片数比母本多1～2张为宜，即父本抽雄、母本吐丝为最佳。

②花期调节。母本早于父本的调节方法。一是加强父本管理，促进父本生长；二是推迟母本去雄时间，等到将要散粉时才去雄，以延缓雌穗生长，但要特别注意母本去雄时间，以免散粉影响种子质量；三是母本吐丝过早的采取剪花丝。

父本早于母本的调节方法。一是加强母本管理；二是提早母本去雄，当雄穗尖刚露出顶叶就拔掉，必要时在雄穗未露出顶叶时，把雄穗连同1～2片叶一起拔掉，以便提早3～5天吐丝；三是如母本苞叶过多，吐丝偏晚，则剪去母本苞叶以促进母本提早吐丝。

（4）人工去雄　通常采用摸苞带叶去雄法，也称超前去雄法。即在雄穗没有抽出前把顶端较小的叶片随同雄穗一起拔除，去雄不见雄，一般可带1～2张顶叶。在抽雄末期进行一次清垄，将遗留的弱小株彻底清除，杜绝后患。

（5）人工辅助授粉　人工辅助授粉的时间一般

在上午 8～10 时，待露水干后散粉最多时进行，授粉时应做到边采边授，或振动父本株散粉，人工辅助授粉应在玉米散粉期进行 4～5 次。

（6）做好去劣去杂　在制种田玉米拔节到抽雄期间，根据双亲本的特征特性严格区分杂劣株并将其拔除。田间去杂去劣要分期多次进行，并在抽雄散粉前完成。以免杂株在制种田内散粉，同时也要对父本采粉区进行去杂去劣。收获后脱粒前，要根据自交系的果穗特征，进行穗选，严格去除杂穗劣穗。

（7）适时收获　玉米籽粒基部出现黑层，乳线消失，是生理成熟的标志。玉米种达到生理成熟时即可收获。收获后，将玉米果穗按成熟度、水分、大小分别放在一起，采用网袋法或上架法单独晾晒，然后分别脱粒。也可利用鼓风机等简易设备高效、快速脱水。待水分为 18％～20％时方可脱粒，以免造成种子胚芽损伤。脱粒后，继续晾晒，直到种子含水量达到种子安全水分的标准，方可入库。

# 111. 甜玉米种子如何育苗?

甜玉米种子由于淀粉含量少，子粒秕瘦，顶土能力差，不易达全苗、壮苗标准，因此，在播前应精细整地、选好种子，选墒情良好情况下播种，以确保全苗齐苗:

（1）播前种子处理　甜玉米在播种前，可通过晒种、浸种和药剂拌种等方法，增加种子生活力，提高种子发芽势和发芽率，减轻病虫危害，以达到出苗早和苗齐、苗壮的目的。30～40℃之间温水浸种1～2小时，有利于提高甜玉米种子的发芽率。

（2）适时播种　播种过早不利于发芽出苗，过晚会影响产量或成熟。甜玉米播种以5～10厘米土层温度稳定在12℃以上时为宜，避免早春冻苗和晚霜冻害。

（3）掌握适宜播种深度　甜玉米种子顶土力弱，应浅种，覆土控制在2～3厘米。

（4）注意化肥施用　化肥施用要与播种分开进行，以免化肥和种子接触造成"烧籽"，并注意化肥用量要适当。

（5）早春提倡营养钵育苗　早春季节气温低，冷空气时常南下，粗放式的大田直播往往会给农户造成损失。营养钵育苗可提高出苗率，并使大田苗势增强，提前甜玉米鲜果穗开采时间。营养土选用30％～40％腐熟农家肥，60％～70％烧过3遍以上的水稻田土，加1％磷肥，拌匀打碎，装入直径10厘米营养钵。播种时，先浇透底水，每一钵一粒种子，上覆潮湿的细营养土2厘米，不能用大泥土盖种，以免种子不能出土、烂种。及时加盖地膜，覆小棚膜，密闭大棚。

# 三、大小麦

## 112. 麦种良种繁育的方法有几种？

（1）三圃制　单穗（株）选择—穗（株）行鉴定—株（穗）系比较—混系繁殖（原种）。三圃制经过一次单穗选择，一次分系比较，实现优中选优，提纯复壮效果好，原种纯度高，适用于品种混杂退化较严重情况下采用。

（2）二圃制　只进行选优良单株（穗）和株行鉴定，选出株、行以后混合脱粒，作为原种扩大繁殖，比三圃制少了穗（株）行圃，适用于品种退化情况不严重时采用。

（3）一圃制　当年单株点播，分株鉴定，整株去杂，混合收获，适用于品种稳定、纯度高的新品种快速扩繁使用。

（4）株系循环法　第一轮的单株或株行选择后，在当选株系中留出一部分植株作下一年的株系材料，种植保种圃，其余混合繁殖原种，以后每年以株系连续鉴定为核心，品种的典型性和整齐度为主要选择标准，循环选择与繁殖原种相结合。

（5）四级种子生产程序法 将大小麦种子划分为育种家种子、原原种、原种和良种四级。将育种家掌握的已通过审定的、遗传性状稳定的优质种子作为以后各代种子繁殖的基础，依次种植成原原种圃、原种圃、良种生产田，经过几代重复繁殖而成。

（6）一圃三级法 以育种家种子为基础，选择典型性单穗，种植穗行圃，经过去杂后混收种子，第二年稀播种植，生产原原种，第三年种植生产原种。

# 113. 大小麦常规种子如何生产？

（1）科学选择种子繁育田 繁育田选择在地势平坦、土质肥沃、地力均衡、前茬一致、排灌方便，具有良好的光、温、排灌等基础条件的地块；不应在病区及检疫性病虫害地区繁种；有适当隔离条件，防止生物学混杂及机械混杂。

（2）加强栽培管理 主要做好种子处理、精细整地、适时适量播种、合理施肥、加强病虫防治、适时收获和安全贮藏等各个环节。

（3）严格把握去杂适期、去杂方法和去杂标准

①苗期：根据植株高度、生长习性、叶片形态、叶色、分蘖力强弱去除与繁殖品种差异明显的杂株或变异株。

②抽穗灌浆期：根据抽穗早晚、株高、株型、

穗形、叶形、有芒无芒、叶色、颖壳颜色和抗病性等去除与繁殖品种不一致的异品种植株、变异株。

③成熟期：根据株高、穗部性状、落粒性、生育期进行去杂，去除的杂株主要是前两次漏去的杂株、变异株和迟熟杂株。

④对禾本科杂草去除：如节节麦、野燕麦等在苗期至抽穗期应尽早拔除，保证在田间收获验收前彻底清除。

# 四、高粱

## 114. 高粱制种过程中应注意哪些工作环节？

（1）严格隔离 雄性不育系繁殖田要求空间隔离 500 米以上，杂交制种田要求隔离 300～400 米，如有障碍物可适当缩小 50 米。

（2）使用高纯度的亲本种子 严格控制亲本来源，引进的亲本必须符合国家种子质量标准。

（3）合理密植，确定父母本行比 制种密度以行距 40 厘米、株距 20 厘米，父母本总株数 8 000 株/亩左右。在恢复系株高超过不育系的情况下，父母本行比可采用（2∶8）～（2∶10）。

（4）花期调控 以制种双亲叶片数为基数，按"母等父"的原则进行比较，若母本比父本提前发育一二片叶，则表明花期相遇良好。

通过田间定点、定期观察发现父、母本可能花期不遇，就要及时采取措施进行花期调节使其相遇。对于偏晚亲本可采取：①偏施肥水促进偏晚亲本的发育；②叶面喷雾 1%～3% 过磷酸钙；③用 920 兑

50 千克水，喷洒偏晚亲本上部叶片或灌心叶。

（5）**去杂去劣**　父母本行都要严格去杂去劣，在开花前将不符合原亲本性状的植株全部拔掉，一定要做到及时、干净、到位、彻底，以保证制种质量达到国家种子标准要求。

（6）**人工辅助授粉**　授粉次数应根据花期相遇的程度决定，不得少于 3 次。父本盛花期，每天上午 8～10 时待露水消退后，在上风头用小木棍轻轻敲打父本茎秆或穗部，使花粉飞散落在母本穗上。花期不遇的制种田，可从其它同一父本田里采集花粉，随采随授。

（7）**及时收获**　在蜡熟末期即高粱种子的中部籽粒开始变硬，穗子下部籽粒用指甲能掐出水、并有少量浆时可以收获，务必注意在霜前 2～3 天收割完毕。收获时应先收父本，再收母本。

# 115.　高粱播种应注意哪些事项？

高粱种子的适播期以地表 5 厘米地温连续 5 天稳定通过 12℃时播种为宜。要适期播种，若播种过早，地温低，易烂籽。北方地区和南方秋播高粱播种过晚，易遭受早霜冻害，难以成熟，产量低，品质差。田间管理上突出一个"早字"，做到早播种、早间苗、早中耕、早追肥、早治虫。特别要早施提苗肥，定苗后每亩施二铵和尿素各 5 千克。

# 五、大豆

## 116. 常规大豆如何留种？

大豆属自花授粉作物，留种过程中自然杂交率低，种性容易保纯，农户可自行留种。种子收获时，将割起或连根拔起的植株风干，留株后熟，等过了农忙季节再去壳保种。这种留株后熟的好处，有利于种子中营养物质的积累，是一种保护种子生活力的安全贮藏方法，种子外面有荚壳保护，可缓冲种子的湿度变化。

尽管大豆自然杂交率低，但如果在收获、打豆等环节不注意，也易造成机械混杂，引起大豆种性退化。因此对要留种的优良品种要单收单打，妥善保存；对留种田在开花期、成熟期按品种特性进行去杂，做好提纯复壮；对已经退化的品种，应及时更换。

## 117. 种植杂交大豆应该注意哪些问题？

杂交大豆是指用两个自交系杂交生产的杂种大

豆，就像我们目前种植的大多数玉米杂交种一样。大豆杂交种一般较普通大豆品种增产 15%～20%。目前我国已有多个杂交种通过审定。现有的杂交种多是通过"三系"法生产的，具有较强的杂种优势。

种植杂交大豆需注意几个问题：第一，应根据当地无霜期和耕作制度选用适宜熟期的杂交种；第二，大豆杂交种一般生长发育较繁茂，应根据土壤条件确定适宜的种植密度，一般应较普通大豆稀些；第三，大豆杂交种种子只能种植一代，由杂交种生产出的大豆只能作为商品豆，不能作为种子使用。

# 六、油菜

## 118. 常规油菜种子如何生产？

（1）选择优良单株　在当地推广或当家品种中，通过各生育期的观察，选择具有原品种特征特性的优良单株，在收获后进行室内考种和品质分析，淘汰经济性状差的单株，留优良单株 20 个左右，分别脱粒编号保存，作为明年株系圃种子。

（2）建立株系圃　将当选优良单株种子，分别育苗移栽（或直播），每个优良单株种一个小区，整个株系圃必须在一定范围内隔离。按原品种的特征特性，在苗期观察叶形、叶色等，花期观察开花迟早、花序稀疏等，成熟期观察成熟迟早、分枝多少及株型、抗病能力等。根据不同生育期观察结果，选择生长势强、整齐一致、抗逆性强、产量高的小区，淘汰长势差、各生育期不一致、抗逆性弱、经济性状不好的小区。最后把当选小区混合脱粒后保存，即为原种种子。

## 119. 杂交油菜如何制种？

杂交油菜种子生产主要采用"三系"法制种。

（1）不育系繁殖区　一个隔离区内只繁殖一个不育系及相应的保持系。父本是保持系，母本是不育系。父本与母本的行比以 1：2 或 1：3，行距 40 厘米为宜。先播第一期作父本的保持系，5 天后再播母本（母本行端要做标记），再隔 5～7 天后播第二期保持系。父母本错开播种，以使两者的花期相遇时间延长，保证母本充分授粉，增加种子产量。此区内，从母本行收获的种子仍为不育系，从父本行收获的种子仍为保持系。

（2）制种及恢复系繁殖区　一个隔离区通常只利用一个不育系配制一个杂种。如果有两个不育系共用一个恢复系时，可以同时配制两个组合的杂种。父本是恢复系，母本是不育系，父母本的行比为 1：3 或 1：4，行距约为 40 厘米。先播第一批恢复系，7～10 天后播母本，再隔 7～10 天后播第二批恢复系，母本行端仍要做标记。收获时，从母本上得到的种子即为杂交种子，从父本上得到的仍为恢复系。

# 七、棉 花

## 120. 棉花良种繁育技术有哪些?

棉花是常异花授粉作物,易发生生物学混杂,造成品种退化。要保持良好的种性,必须加强良种繁育工作。其主要任务,一是品种更新,即保持品种纯度和种性,有计划地生产原种,替换同品种的生产用种;二是品种更换,即迅速繁殖新品种种子,更换原来在生产上应用的品种。

我国在生产上应用的良种繁育技术有"三年三圃法"、"三年二圃法"、"自交混繁法"等,其中"三年三圃法"已沿用了二十多年,有"国家标准"。由于目前在生产上推广以杂交棉品种为主,且棉农交售的是商品籽棉,所以,棉花的良种繁育技术基本上是棉种生产企业用于亲本种子的保存与繁育上。

## 121. 如何提高棉花的健籽率?

棉花从开始采收到结束,通常有三个多月,并时常受到外界环境的影响,如连绵阴雨、秋旱或霜害等,影响到种子的正常成熟或霉烂变质,降低健子率。通常选择植株中部正常吐絮的籽棉作为种用，剔除僵瓣花、烂花等，并及时晒干。采收时间，南方棉区为 9 月初至 10 月中旬，北方棉区为 8 月中旬至 9 月中旬。前后时段收的籽棉不作种用。

---

**知识点**

健子率的测定方式。随机取不少于 400 粒棉籽置于杯中，用开水浸烫，并搅拌 5 分钟，待棉籽短绒、种皮软化后，取出放在白瓷盘中，根据颜色差异鉴别：呈深褐色或深红色的为成熟种子，即健子；呈浅褐色、浅红色或黄白色的为不成熟种子，即非健子。根据手指感觉鉴别：手指捏摸种子感觉空瘪或子仁小于正常胚 1/2 的为非健子。根据种仁状况鉴别：直接剪开种仁，种仁颜色暗绿色（失去活性）或黄褐色（腐烂）者为非健子，色泽新鲜、饱满者为健子。健子率（%）＝〔（供检棉籽数－非健子数）÷供检棉籽数〕×100。健籽率是指经净度测定后的净种子样品中除去嫩籽、小籽、瘦籽等成熟度差的棉籽，留下的健壮种子数占样品总籽数的百分率。

---

## 122. 杂交棉按照制种方式有哪几种类型？

根据制种方式的不同，可分为：人工去雄法、两系法、三系法、应用指示性状法、化学杀雄法。在生产上大面积应用的主要是人工去雄法生产的杂交种，其次是两系法（一系两用）生产的杂交种。

# 123. 如何保证棉花播种后快速整齐地出苗？

采用育苗移栽技术，可提早播种、培育壮苗、延长生育期、增加产量等作用，特别在当前推广杂交棉品种，采用育苗移栽，可减少种子用量，降低生产成本。生产上应用较多的是营养钵育苗技术，该

> **深入阅读**
>
> GB/T 3242—1982 棉花原种生产技术操作规程

技术的核心是：选背风向阳，排水良好和有灌溉水源的地块建苗床。用含有养分、适度水分和无病的土壤制成营养钵。在移栽前30～45天，当5厘米地温日平均值稳定在8℃以上时，选择晴天播种，播后用弓架覆盖塑料薄膜。棉苗出土而真叶平展前保温不揭膜，二叶期时两端通风不揭膜，昼开夜闭，移栽前15天揭膜炼苗，如遇寒潮低温，要及时盖膜保温。

# 八、花生

## 124. 花生如何留种？

　　花生用种量大，农户种花生，多用自留种。花生品种连年自留自用，又会造成品种退化，导致减产。因此，农户留用花生种讲究一点选种方法是十分必要的。农户选留花生种应对所种优良花生种进行提纯复壮，使该品种保持其固有的优良的种性。混合选择法是适合农户选用的花生选种方法。

　　(1) 精选优良单株　　在花生收获时，首先依据所种植的花生品种的果形、大小标准，选择一系列没有发生变异的优良单株。其次，根据所种植的花生品种的综合性状，在一系列初选单株中继续选择优良单株，选择那些结果数量多、饱果率高、分枝数多、生长势好、抗逆性强、不早衰的优良单株作为选留种株。再次，在选留种株中选择那些结果位置集中、双果仁率高、子粒饱满的荚果做种用。

　　(2) 分晒、分藏、分种　　将选好的优良单株的花生果采摘后单独晾晒，单独存放，在播种前继续精选，选择子粒饱满、无病虫伤残的种子，单独种植。次年收获时，重复上年的选种工作，这样经过连续 2～3 年的选种，对于已经退化的品种可以起到提纯复壮的作用；对于刚引进的新品种，则可起到防止其种性退化的作用。

（3）精选有苗头的优良新品种　在选择优良单株时，若发现有明显优于原品种的变异单株，可单收、单晒、单存、单种，定向培育成一个新的优良花生品种。

# 九、甘薯

## 125. 甘薯的种薯繁育方法有哪些？

（1）多级育苗法　应用苗床催芽，覆盖塑料薄膜的多种采苗圃，多级栽插，以苗繁苗。

（2）单叶节栽种法　剪蔓时按每个叶节剪成一株苗，可提高薯苗的利用率。

（3）越冬育苗法　使种苗在苗床内安全越冬，可节约种薯，不断剪栽薯蔓，增大繁殖系数。

（4）优大高密繁种法　选用优良品种的薯块，进行大株栽培，培育大量分枝，剪采单节或双节苗，繁殖系数也很高。

> **知识点**
>
> 甘薯为无性繁殖作物，块根及茎叶均可作为繁殖器官。甘薯在大田生产中主要采用薯块育苗的繁殖方法。1个薯块一般有5~6列纵向排列的侧根，侧根枯死后，就留下了略微凹陷的根痕，位于根痕附近的不定芽原基萌动并穿透薯皮，即为发芽。不定芽在薯块上分布，一般头部多于中部和尾部，朝向土表的阳面（背面）多于朝向垄心的阴面（腹面），块根的发芽存在顶端优势。

# 126. 甘薯育苗的技术要点是什么？

（1）**适温集中催芽** 早春气温低，天气多变和过高床温往往是育苗失败的关键。最好采取集中催芽，办法是：选温室或大棚内建加温苗床，排薯3～4层，层下和层间用细麦草铺垫，上部用草帘或麦草覆盖。前2～3天将床温控制在35～37℃，促进伤口愈合，抑制病害发生。待爆花发芽，既将薯层用温水浸透，将床温保持在32～34℃，注意保温通气。经5～6天左右，爆花芽长1厘米左右，再将床温自然下降到20～24℃，注意通气和降低床内温度，经2～3天后选晴天中午即可取出分床排种育苗。

（2）**按育苗季节早晚采用不同的育苗床型** 冬季或早春可采用加温大棚、温室、火炕双保险苗床，电加温床。3月份后可采用太阳贮温酿热床等。在农村大部分都采用太阳贮温酿热床育苗，具体作法如下：在苗床底部铺1层17厘米厚的麦糠，麦糠上铺13厘米厚牛粪，经2～3天发热填入床内，踩实的厚度不少于25厘米，在其上再填10厘米厚过筛的粪土，然后排种，每平方米一般排30千克左右。要分清头尾，做到上齐下不齐，大小种薯分开排，两次盖粪土。第一次先盖半，然后按每平方米浇25千克左右的水灌泼，以浇透为宜，然后再盖1层5

厘米左右的粪土，这样苗床就建好了。

# 127. 甘薯育苗的新技术有哪些？

（1）薯藤冬眠育苗法　将秋天收获的薯藤留至第 2 年作甘薯苗。①剪藤：在秋季甘薯收获后，选择无霜冻、无病害的健壮薯藤，去除叶片，保留 1 厘米叶柄，按每两节一段剪截。②强制休眠：将剪好的薯藤放入浓度 0.5％的安菲特林溶液中浸泡两分钟，取出晾干表面水分。③筛沙：将普通黄沙用筛子过滤，去除大颗粒砂子和杂质，洒水，湿度以沙子捏紧后松开能散开为度。④沙藏：先在地面挖坑，长和宽不限，深度 1.2 米（视各地冬季冻土层的厚度而定，以储藏温度在 5～10℃为宜）。然后将薯藤采用一层藤一层沙的方法平放坑中，藤间留 1 厘米的间隙。每层沙厚度不少于 3 厘米，最上一层沙厚不少于 15 厘米，在其表面盖以塑料薄膜，霜冻重的地区，薄膜上再覆盖秸秆或草帘。到翌年春季甘薯栽种时节，将薯藤起出扦插即可。薯藤冬眠育苗法可使甘薯单位面积产量提高 15％～20％。

（2）薯根育苗法　将秋天收获的薯根通过移栽至温室内或楼房阳台处，通过整个冬季栽培甘薯藤，留作甘薯苗。①秋季甘薯收获后，选择无霜冻、无病害的健壮薯藤根，藤根上部的藤蔓从根部向上各留 2～3 节，除去叶片，保留 1 厘米叶柄待用。②根据甘薯育苗量的多少，选择合适的育苗场地，温室内采取开小沟（沟宽 30 厘米、深 20 厘米），沟心距 80 厘米，把甘薯根在小沟两旁按 20 厘米的株距进行栽种，一般每平方米栽种 12 株。③在温室内或房屋阳台地面的上方（距地面约 1.6 米），按甘薯根栽种的株行距拉 14～16 号的铁丝，并在铁丝上绑一些塑料绳或麻绳，绳子的一头绑在铁丝上，另一头绑在甘薯根上。待甘薯根上的藤蔓发芽后，每株选留 3 个健壮的萌芽，一个萌芽对应一根绳子，以便在甘薯根发芽后藤蔓顺着绳子向上攀延。④新发出的甘薯藤蔓需人工向绳子上缠绕，一般 1～2 天缠绕 1 次，待甘薯藤蔓长至 1.5～2 米长，且距大田移栽还有 10 天左右时，即可采收薯藤，去除叶片，保留 1 厘米长的叶柄，按每两节一段剪截，每 200～300 段扎一捆，栽于温室地里或花盆内，浇透水，深度以 5 厘米左右为宜。10 天左右，薯藤段上部萌发出小芽，下部萌发出一定的根系，此时即可移栽大田。采用此种方法育苗，温室或房屋阳台内的温度应控制在 5～25℃ 之间，一般每平方米可培育 400～600 株甘薯苗。

（3）薯藤育苗法　薯藤育苗法是在秋季甘薯收获后，选择无霜冻、无病害的健壮薯藤，去除叶片，保留 1 厘米叶柄，按每两节一段剪截，形成薯藤段，以后的操作方法同薯根育苗法。

**小贴士**

　　迷你甘薯。相对于普通甘薯来说"薯块要小，口味要好"，单个薯块重 50～150 克，具有普通甘薯所没有的特点和利用价值。"迷你香薯"种植方法简单，没有过高的技术含量，春夏均可栽培。在我国南方一年可种植两茬。迷你甘薯不仅外形美观、商品性佳、食味香甜粉糯，而且卫生安全、营养丰富，在城市的超市很受消费者青睐。

# 十、马铃薯

## *128.* 马铃薯种薯繁育方法有哪些？

马铃薯仅有少量品种可采用种子播种，绝大多数品种采用块茎播种。马铃薯种薯的繁育方法主要有脱毒组培、网室基质栽培和土壤栽培三种。脱毒组培是由马铃薯茎尖分生组织培养、病毒检测、工厂化扩繁获得的脱毒试管苗，试管苗移栽入隔离良好的温室或网室，经基质无土栽培繁殖，获得的微型脱毒小薯，这也就是原原种。原种种薯的生产是原原种通过网室基质栽培获得。从原种生产一级种可以在气候冷凉、天然隔离条件好，病虫发生少的地方，进行栽培生产获得。在生产中不建议农户自行繁育留种。

目前脱毒微型种薯的应用越来越多，其具有下列特点：①无毒无病，微型薯不带任何病毒和真细菌病害。②储运性能好，体积小易于储藏运输，可大幅度降低调种成本。③种性保持好，增产幅度大，生产上一般增产幅度可达 50％～200％，比普通种薯增产2～4倍。④用种量小，微型薯千粒重仅为2～5千克左右，每亩用种量 8～10 千克，不足普通种薯的 1/10。⑤种薯大小整齐一致，易于机械化栽培管理。

# 129. 如何防止马铃薯种性的退化？

马铃薯的种性退化并不是遗传性的变化，而是由病毒侵染造成的。在马铃薯栽培过程中，出现叶片皱缩卷曲，叶色浓淡不均，株型矮化、茎秆细弱、块茎变形或瘦小，产量逐年下降等现象，就表明马铃薯已经发生退化。引起马铃薯退化的直接外因是病毒为害。严重为害马铃薯的病毒有六种：马铃薯卷叶病毒、马铃薯 Y 病毒、马铃薯 X 病毒、马铃薯 A 病毒、马铃薯 S 病毒及马铃薯纺锤块茎类病毒。这些病毒通过机械摩擦、蚜虫、叶蝉、烟粉虱或土壤线虫等媒介传播而侵染植株引起退化。表现为花叶型、卷叶型、黄化型和顶端坏死型。高温是引起马铃薯退化的间接外因。马铃薯在高温下栽培，生长势衰弱，耐病力下降，有利于病毒繁殖、侵染和在植株体内扩散，加重了退化。

为了保持马铃薯固有的种性，提高块茎的产量和品质，防止或减缓马铃薯的退化，可采取以下措施。一是选用抗病力强的品种。二是为了防止昆虫媒介（蚜虫等）传毒。三是早播早收，使结薯期处于冷凉气候下，减少病毒的繁殖与感染。四是优质脱毒种薯。

# 十一、茄果类蔬菜

## 130. 茄果类蔬菜如何进行杂交制种？

目前生产上采用的茄子、辣椒和番茄品种大多为杂交一代，种子生产采用人工去雄杂交制种技术。

（1）播种期 父母本的播期应以保证父母本花期相遇，并根据父母本从播种到开花所需天数来确定。一般父本比母本早播种，且父母本比例为1∶3～4。加强父本管理，促进父本提早发育、早开花，以保证父本提早供应充足的花粉。

（2）授粉时间 授粉温度以22～27℃为宜，超过30℃要暂停授粉。以上午7～11时，下午3～6时为好。授粉适宜的空气湿度为53％～70％。

（3）去雄 为提高杂交种子的纯度，去雄最适宜的时机是选择次日开放的花蕾，这时花蕾较小，尚未散粉。一般于早晨去雄好，因早晨湿度大、花粉不易散出。去雄一定要干净彻底，不能留下一个或半个花粉囊，否则将产生自交，影响纯度。选留健壮整齐的花去雄，去雄时绝不能用力挟持或转动花蕾，更不能用镊子碰伤子房及花柱。去掉的花药一定要落地，以免散粉造成自交。

（4）花粉制取　每日下午摘取当日盛开、发育正常的父本花，取出花药，放入干燥器中干燥。可用生石灰、也可用自然光或热炕等干燥。花粉散出后，筛去药壁等杂物，将筛好的花粉放入玻璃瓶内，置于阴凉干燥处备用。花粉在 24 小时内使用最佳，过长则花粉活性降低。

（5）授粉　授粉前必须将母本株上已经开的花和已座的果全部摘掉。辣椒以尖椒做母本的，从第四层花开始授粉；以大果型辣椒做母本的，从第三层花开始授粉。茄子杂交授粉从"对茄"开始，长果型的也可从"四面斗"开始授粉，以减少茄子接触地面而腐烂。

授粉一般于下午 2～3 点后授粉，中午高温切忌授粉。第二天可重复授粉。同时对已授粉的花必须摘除 2 个相邻的萼片，以作标记。

（6）采收　一般在授粉后 50～60 天，种果充分红熟即可收获。应严格采收有授粉标记的种果，剔除病果。经后熟即可剖果取籽。种子宜放在席子或纱布上充分晾晒阴干，切忌放在水泥地面及金属板上曝晒。

# 131. 番茄、茄子如何嫁接？

目前，番茄的青枯病、茄子的黄萎病和枯萎病日趋严重，采用嫁接技术是预防该病的最为主要而又相当有效的措施。嫁接的方法一般采用劈接、插接、舌形靠接法和内固定嫁接法。

（1）**劈接法**　砧木比接穗早播5～7天。当砧木长到5～6片真叶，接穗具有4～5片真叶时进行嫁接。一般是在第2片真叶以上的位置嫁接，先将砧木苗于第2片真叶上方用刀片切断顶端，用刀片于茎中央劈开，向下切入深1.0～1.5厘米的切口，注意不能切得过深，避免茎断裂；再将接穗苗拔下，保留2～3片叶，用刀片削成楔形，楔形的斜面长与砧木切口深相同，随即将接穗插入砧木的切口中，使接穗与砧木表面充分接合，再用嫁接夹夹住。

当砧木苗较小时可于子叶节以上切断，然后纵切。劈接法砧穗苗龄较大，操作简便，容易掌握，成活率也较高。

（2）**插接法**　第一，砧木和接穗苗的培育。砧木应早播7天，在1～2片真叶时，假植于8～10厘米×8～10厘米的营养钵内；接穗可直接播种于苗床内，不必假植。当砧木4叶1心、接穗苗2叶1心时为嫁接适期。第二，砧木和接穗的准备。将砧木苗第一片真叶以上的部分斜切，切去上面部分，并用竹签在砧木苗断口处，朝第一片真叶方向向下斜插，使竹签的尖端从第一片真叶叶柄基部下面穿出；然后立即将接穗苗子叶下的胚轴切成楔形，如果接穗较大，也可以在子叶上部将接穗苗切成楔形。第三，嫁接。砧木和接穗准备好后，快速将竹签从砧木苗中拔出，并立即将接穗插入，然后用夹子固定。第四，嫁接苗培育。嫁接后，将嫁接苗放入苗床，用遮阳网遮阴。在嫁接后 1 天内即使接穗出现萎蔫也不可灌水或喷水，否则接口处容易积水而腐烂；但第 2 天后可以适当喷水。嫁接 7～10 天后，接穗开始生长。

（3）舌形靠接法　砧木提前 2 天播种。在秧苗具 1～2 片真叶时，将砧木苗和接穗苗同时假植在直径 8～10 厘米的营养钵内，砧木苗栽于营养钵中间，接穗苗靠在一侧。当秧苗具 4 片真叶时为嫁接适期，嫁接前应控制营养钵和苗床水分。嫁接的部位在第一片真叶与第二片真叶之间。将砧木从上向下斜切，接穗则从下向上斜切，切口的深度，可略超过茎粗的一半。将接穗切口插入砧木切口内，并用夹子固定。

嫁接后的秧苗放入苗床，并加盖草帘子遮阴。嫁接后 4～5 天，接穗苗不再萎蔫时，先将砧木苗摘心，再把接穗从接口下部剪断。此时，嫁接苗开始会发生轻度萎蔫，浇水后即可恢复。如苗易倒伏，可插小棒绑缚，过 3～4 天即可将除去夹子。

（4）内固定嫁接法　接穗和砧木种子同时播种，在砧木具有 1～3 片真叶、下胚轴直径 2 毫米左右时进行嫁接；嫁接部位可选用子叶上，或1～2片真叶处，嫁接切口可采用平切或斜切，关键在于要将砧木和接穗的切面紧密对齐，以利伤口愈合。具体操作时，选砧木和接穗粗细基本一致的苗，将苗斜切或平切，用直径0.5毫米、长度10毫米的钢针在砧木切面的中心沿轴线插入1/2，余下的1/2插接穗，接穗的切口角度必须与砧木一致（图7）。对于熟练工人，番茄嫁接速度可达到每人每小时110株，嫁接苗成活率一般在95%以上。

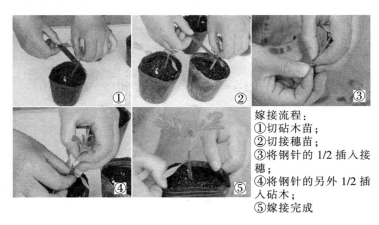

嫁接流程：
①切砧木苗；
②切接穗苗；
③将钢针的1/2插入接穗；
④将钢针的另外1/2插入砧木；
⑤嫁接完成

图7　番茄内固定嫁接流程

嫁接后天晴时需遮阴3天，阴天不必遮阴；空气相对湿度保持在95%左右；日温控制在20℃以上，夜温控制在15℃以上；5天内尽量不浇水，湿度低时可喷雾增湿；5～6天伤口愈合后嫁接苗按常规管理。

> **知识点**
>
> **目前番茄、茄子所采用的砧木品种有哪些?**
>
> 番茄砧木品种主要有'英雄'、'健壮'、'桂砧1号'、'BF 兴津 10'等。茄子砧木品种主要有赤茄、刚果茄、托鲁巴姆、CRP（刺茄、南韩茄）、超托鲁巴姆、耐病VF、米特等。

# 十二、豆类蔬菜

## 132. 长豇豆如何采种?

(1) 选好原种  在长豇豆结荚盛期进行株选,选择植株生长势强健,茎、叶花、荚均具本品种典型特征,并且开花多、结荚早、坐荚率高且无病虫害的株作种株。在豆荚商品成熟期进行荚选,在植株的中部或中上部选荚果成对生长、整齐一致、粗细相当且荚果长、籽粒饱满、无病虫害的豆荚作为原种种荚。

(2) 适时播种  长江流域春播留种一般 4 月中下旬开始,秋播留种不应迟于 7 月中旬。每畦播 2 行,行距约 60 厘米,株距 20~25 厘米。每穴播三四粒,覆土 2~3 厘米。雨后播种或播种时灌足底水,促使其一次性齐苗。

(3) 及时采种  现蕾至种子成熟一般需 60 天左右。要选择具有品种特性的无病植株基部和中部豆荚留种。当豆荚曲折不易折断,手按豆荚种子可活动时便可采收。最好在晴天采收,如遇连续阴雨天,采后应摊在通风处晾干,晾干的豆荚应及时脱粒、筛选。将摊晾的干种子用敌敌畏、辛硫磷乳剂1 000～1 500倍或亚胺硫磷乳剂800～1 000倍液喷洒，随即充分晒干种子，有较好的防虫效果。贮放的种子经处理后应用麻袋装好，置通风处垫高（忌与地面直接接触）保存。

## 133. 四季豆如何采种？

春季四季豆繁种因遇上6～7月梅雨季节，常引起落花、落荚或荚内发芽，成熟收获期间的高温干旱又使种子活性下降，要提高留种产量和种子生活力，四季豆繁种适宜选择高山秋季栽培。要点如下：

（1）海拔高度、地形、播期选择　四季豆是喜温蔬菜，但在32℃以上的高温下易引起落花、落荚，为了满足四季豆的生长，一般应先在海拔600～1 200米的有隔离条件的高山上种植。海拔600～1 200米的高山四季豆繁种适宜播种期为5～7月中旬。

（2）控制留种结荚部位　控两头，留中间。生长前期基部结荚种子留种会影响植株生长势，降低采种量，而且容易霉烂；生长后期结荚则不易成熟，均不宜留种，注意及时采收鲜荚。植株中间部位集中结荚留种，当植株布满架材时及时打顶，以集中养分保证种荚发育，确保种子质量。

（3）适时去杂提纯　一般整个生育期进行三四

次去杂，第一次在苗期，根据原品种特征特性；第二次在初花期，根据第一花序着生节位、花序颜色、生长势等；第三次在第一批嫩荚达到商品采收期；第四次在采收种荚前，淘汰混杂株及不良株，确保纯度。

（4）适期采收 种子成熟后要适期采收，防止裂荚。一般花后 35 天左右即成熟，当豆荚由绿色变为黄色，荚壁逐渐失水、干缩时为适收期。

种子采收后后熟风干 1～2 周，晒干脱粒，再晾晒 3～5 天，然后精选，去除碎籽、瘪籽、杂质及不纯种子，要求种子充实饱满，种皮鲜明有光泽，无病虫害，无杂质等，在脱粒风干过程中应防止机械混杂。

（5）种子贮藏 短期贮藏要求干燥凉爽条件，较长时间的贮藏要求有密封的条件，并能防湿防虫防鼠。把精选好的种子用带有薄膜内胆防潮的编织袋装好，并用磷化铝熏蒸杀虫。密封后贮藏在低温低湿的冷库中。

# *134.* 蚕豆如何采种？

（1）选地和播种 留种地隔离距离为 300～500 米，以尽量减少因昆虫传粉而影响良种的纯度。播种适期一般为 10 月中下旬。

（2）进行株选、荚选、粒选 在留种地里，首

　　先要在田间选择无病而有效分枝多的单株，一般 1 亩地的用种需优选单株 400～500 株。将优选单株中下部的荚摘下后，再从中选出荚饱满、每荚籽粒二粒以上的荚，单脱、单放；粒选就是从荚选所得豆粒中挑选合乎要求的种子。粒选时要选择成熟度好，饱满、无病斑、无虫孔、种皮色和粒形正常的种子。

# 十三、瓜类蔬菜

## 135. 瓜类蔬菜常规种子如何生产?

瓜类蔬菜种子生产最好在春夏季雨水少的地区进行,以砂壤土为宜。制种田与同类其他品种相隔800米以上。与一般的瓜类栽培一样,南方地区制种均采用育苗的方法,而北方采用直播,播种期与大田生产相同,不提倡早熟栽培。

常规瓜类种子生产应进行密植,具体密度根据品种的特征特性而定。在留种瓜以前,对品种纯度进行检查,及时拔除杂株、病株和生长弱的植株。为了提高种子产量和质量,应控制座果部位,并进行人工授粉。人工授粉的方法同南瓜杂交制种方法类似。为了使种瓜的成熟期比较接近,同一品种的授粉工作尽可能在较短的时间内完成。

根据每种瓜类种子发育的特点,种瓜应适时采收,及时剖洗、晒干。

## 136. 如何进行南瓜杂交种子生产?

(1) 选地和播种 南瓜杂交制种应选择土壤肥

沃，灌溉便利，通风良好、光照充足的地块。前茬尽量避开瓜类和蔬菜作物，至少与同类南瓜自然隔离 800 米以上。父母本比例按 1：5～7 配置。父本比母本早 10 天播种，以利花期相遇。一般在土温高于 13℃就可播种，播种后垄上再盖上小拱棚。

（2）杂交　授粉前检查父母本纯度，拔除不符合亲本标准的植株。准备好纸袋、水桶、标记圈、橡皮圈等授粉工具。一般在植株雌花开放的位置距垄有 80 厘米处开始授粉，摘除在此之前的雌花和母本上所有雄花。每天下午，给所有第二天开放的雌花全部套上橡皮圈和纸袋。一般傍晚摘取父本上第二天即将开放的雄花，放在盛有水的水桶里，到第二天早上自然开放，也可摘取父本当天开放的雄花（雄花也必须套袋）。杂交授粉应选择晴天 5：00～9：00 时进行。然后在雌花柱头上轻柔涂抹均匀，并在雌花的花柄上套一个标记圈，把橡皮圈和纸袋套回去。应尽量避免在阴雨天授粉，及时摘除阴雨天开放的雌花。一般母本每株坐瓜 1 个即可，待瓜坐稳后停止授粉，授粉结束到种瓜采收须有 50 天左右的时间，并拔除父本。

（3）田间管理　授粉结束后，掐去母本的生长点，摘除母本侧枝，或留 2 叶短截，使植株始终保持单蔓伸长。种瓜的发育需大肥、大水，一般灌水 2～3 次，加强田间管理和病虫防治。

（4）田间纯检　授粉结束后 20 天左右，进行纯度检查。拔除与母本性状有异和无标记圈的植株。对有标记圈的种瓜做二次标记，用刀在瓜上刻一个"十"字。摘除母本上的病瓜，烂瓜，畸形瓜。

（5）种瓜采收和淘洗　果实自授粉结束后 50～60 天，充分成熟，种瓜外观光滑亮泽，果皮呈现母本典型果色时即可采收。采收时仍要去杂、去劣，剔除果形、果色与母本性状不符的种瓜，没有标记圈或"十"字的瓜不收。采收下来的种瓜放置于阴凉、干燥、通风处，一般后熟 7～10 天选晴天掏籽。掏出的种子及时用大水漂洗干净，做到随挖随洗，在漂洗时沉到水底的种子全部不要。漂洗后种子平摊于席子或帆布上晒干，严禁在塑料薄膜及水泥地上晾晒，以免影响发芽率。充分干燥后的种子保存于干燥阴凉处，避免回潮。

# 十四、西甜瓜

## 137. 如何进行西甜瓜制种？

西甜瓜制种基本同南瓜制种技术，但应注意以下几方面的问题。

（1）西瓜制种注意的有两点：

①畦宽为 1.6 米，株距为 0.2 米。

②如为两性花品种，必须先去雌花内的雄蕊，然后再套袋隔离。

（2）甜瓜制种需注意以下 4 点：

①5～6 叶及时打顶，根据种植的密度决定留几个侧枝，一般有留单蔓、双蔓和三蔓。

②栽培密度，畦宽 2.2 米，单蔓株距为 0.2 米、双蔓为 0.4 米、三蔓为 0.5 米。

③对发生两性花的品种，应在开花前去除雌花内的雄蕊，然后再套袋隔离。

④甜瓜种瓜剖洗后，应发酵 24 小时后再漂洗，禁止用铁制的容器进行盛放发酵。

# *138.* 西甜瓜如何嫁接？

西甜瓜嫁接的方法主要有：靠接、顶插接、劈接等方法。西瓜嫁接用砧木有葫芦、南瓜、冬瓜等，常用的是葫芦和南瓜，以葫芦应用更为普遍。甜瓜的砧木以南瓜为主，也可选用抗病性强的甜瓜品种、丝瓜、葫芦等作砧木。

（1）靠接法　砧木一般在接穗苗出齐后再播种，真叶露心时为嫁接适期。嫁接时，先去掉生长点，再在子叶下 0.5～1.0 厘米处，呈 45°角向下斜削，深达茎的 1/2～2/3。

接穗比砧木早播，真叶露心时嫁接，用刀片在子叶下 1～1.5 厘米处呈 45°角向上斜切，深度达茎的 1/2～2/3。

将砧木和接穗的切口吻合，用嫁接夹固定接口部位。嫁接成活后及时断掉接穗的根。

（2）顶插接法　砧木提前 5～7 天播种，真叶露出为嫁接适期。嫁接时，用竹签去掉砧木真叶和生长点。用与接穗下胚轴粗细相同、尖端削成楔形的竹签，靠砧木一侧子叶朝着对侧下文斜插深约 1 厘米的斜孔，以不划破表皮，隐约可见竹签为宜。

接穗子叶刚展开为嫁接适期，嫁接时将接穗下胚轴削成楔形面，长约 1 厘米左右。

将插入砧木中的竹签拔出，将削好的接穗插入砧木的插孔中，并使接穗子叶与砧木子叶呈十字状。

（3）**劈接法**　砧木比接穗早播种 5～7 天，第一片真叶露出时嫁接，先用刀片削去生长点和真叶。再从两子叶中间将幼茎一侧向下劈开，约 1 厘米。

接穗子叶展开时嫁接，将接穗胚轴削成楔形，削面约 1 厘米。

将削好的接穗插入砧木劈口中，使接穗与砧木表面平整对齐，用夹子或胶带固定。

# 十五、其他蔬菜

## 139. 如何生产十字花科蔬菜和芹菜种子？

种子生产有成株留种、中株留种和小株留种三种方法。一般不育系和父本系通常采用成株留种，原种则采用中株或成株留种，杂交种子和生产用种通常采用小株留种的方法。

（1）常规种子生产

①成株留种法：即在头年秋冬季培育健壮种株，第二年春季使种株抽薹开花结种子。采用成株留种时，秋播播种期与菜用栽培基本相同或稍迟，采用育苗移栽，每亩留苗 3 000～5 000 株。在商品成熟期，进行种株选择，选择那些具有该品种典型性状且生长健壮、无病虫害的植株留作种株。

②中株留种法：这种方法和成株留种法基本相同，只是播种期比成株留种法稍晚（通常晚 7～15 天），每亩留苗 6 000～10 000 株。

③小株留种法：也叫春播采种法。要求在早春播种，使吸水萌动的种子及其幼苗接受自然低温，

通过春化阶段，然后在高温、长日照的条件下开花结实。小株采种可用直播间苗方法，每亩留苗8 000~12 000 株。

（2）杂交种子生产

甘蓝和大白菜主要利用自交不亲和系生产杂交种子，普通白菜主要利用雄性不育系生产杂交种子，花菜主要采用人工剥蕾去雄授粉方法生产杂交种子。

①利用自交不亲和系生产杂交种子。母本必须是自交不亲和，父本可以自交结实，也可以是自交不亲和。一般父母本的行比为1∶1，如果父母本都为自交不亲和，则应提高高产亲本的比例，收获的正反交种子均可利用。

②利用雄性不育系生产杂交种子。在隔离区内父母本按一定比例相间种植，一般父母本行比为1∶3~4，任其自由授粉或加以辅助授粉，获得杂交一代种子。此法生产的种子真杂种率高，种子质量好。但必须首先解决不育系、保持系和恢复系的"三系"配套。

# 140. 生产十字花科蔬菜种子时应注意哪些环节？

（1）选择适宜的制种地区　根据不同十字花科蔬菜对环境条件的要求，选择适宜的制种地区。①大白菜的制种地通常在山东、山西一带，那里不仅温度适宜、昼夜温差大、光照充足，而且气候干燥，尤其在开花结果期一般均以晴朗天气为主，种子产量较高、质量也好。②结球甘蓝种子繁育需要冬季温暖，使种株能安全过冬而无明显的冻害，而且花期和种子成熟期雨水少，使植株能在开花期授粉良好，种子成熟期不遭受雨害。因此结球甘蓝的制种地区多数集中于华北地区。③花菜种子特别早熟花菜种子繁育大多集中在福建及浙江南部（温州）一带。而中晚熟品种则在华东、华北等地也可制种。

（2）严格隔离　十字花科蔬菜为异花授粉作物，自然杂交率高，安排制种地时必须注意与异品种、其他白菜类蔬菜和白菜型油菜严格隔离，原原种和原种一般采用机械（网室）隔离方式，而生产用种一般采用空间隔离方式，不同品种间以及与其他白菜类蔬菜和白菜型油菜之间隔离 1 000 米以上。

（3）去杂去劣　繁种过程中，注意淘汰不具本品种特性的植株，拔除生长势差的植株。

（4）叶球、花球处理　为使植株正常抽薹开花，大白菜、甘蓝须进行切菜头处理，花菜需进行切花球处理。

# 141. 如何生产萝卜种子？

（1）常规种子生产

①选择适宜的种子生产地。所有萝卜品种开花

期均在 4～5 月份，种子生产地宜选择在温度适宜、昼夜温差大、光照充足的华北地区。

②播种季节。目前萝卜在我国许多地区（高寒地区除外）几乎能周年生产，而萝卜的抽薹开花均在 4～5 月，这给萝卜的制种带来很大麻烦。因为萝卜留种同样需要采用大株留种、中株留种和小株留种相结合，而大株留种必须与生产同期播种，这对秋冬萝卜来说不成问题，但春夏萝卜比较复杂。

4～5 月间及 6～8 月间采收的春萝卜或夏萝卜，当年是不能抽薹开花的，必须将肉质根贮藏到下半年冬季或第二年春季 2～3 月间定植留种，但种株的越夏非常困难，因此目前春夏萝卜一般用种子进行秋冬播种或早春播种，使其能在 4～5 月间抽薹开花结实，但品种的不易抽薹性（春萝卜）和耐热性（夏萝卜）很难得到保证。中株留种的播种期较大株留种晚 15～30 天。小株留种的在冬末或早春播种。

③种株选择及处理。选择具有原品种特性，肉质根大而叶簇较小，皮光色鲜根痕小，根尾细、内部组织致密、不空心的植株，水果用的萝卜要选味甜多汁都。除小株留种采用直播外，大株、中株留种均要将植株重新定植，并将入选的植株作必要处理。长形萝卜须切去下部肉质根，留上部 7～14 厘米长的肉质根，然后在室内放 2～3 天，使伤口基本愈合后定植。

④种子采收。由于种子成熟期为多雨季节，须及时采收脱粒。

（2）杂交种制种　一代杂种种子生产主要利用雄性不育系，生产上一般采用小株留种。将不育株与父本株按3～4：1的行比定植于制种隔离区内，任其自由授粉，在不育株上采收杂种种子。

杂交制种时必须注意：第一，在母本开花初期，应仔细检查，拔除可能出现的可育株。第二，由于不育花朵的蜜腺有不同程度的退化，昆虫授粉能力受到限制，在制种田内必须放养蜜蜂，而且制种田1 000米范围内最好不种植花朵鲜艳的作物。第三，杂交制种田内应使父母本花期相遇，宁可父本早开花，也不可使母本早开花。第四，当不育系开花完毕，即将父本植株拔除。

# 142. 如何防止大蒜种性退化？

大蒜的种性退化是大蒜生产中存在的一个重要问题。其表现是植株矮化、细弱，叶色变淡，鳞茎变小，小瓣蒜和独头蒜的比例增加，致使产量逐年降低。

预防大蒜种性退化的主要措施有：①建立大蒜繁种基地，提供优质种源。②利用脱毒技术，生产繁育良种。③栽培措施。选符合本品种特性、生长健壮、无病虫的单株做出标记，收获后再从中挑选蒜头大、蒜瓣数中等、瓣大而整齐的留作蒜种单独存放。播前再选一次蒜瓣，以提高种性。选择地区和栽培条件差异大的地方进行换种，能起到一定的复壮增产效果。

# 143. 芹菜育苗时如何做好种子处理？

芹菜喜冷凉，播种时种子需经冷凉处理才能正常发芽。先用清水浸泡种子 12～24 小时，将种子捞出，装入布袋放入冰箱冷藏室内催芽 4～5 天，温度控制在 10℃ 左右，每天翻洗 1 次，30％露白即可播

> **链 接**
>
> 中国农业推广网（http://farmers.org.cn）

种。如无冰箱，可将种子置于冷凉的地方，例如水缸边或地窖中，或吊在水井内距水面 30～60 厘米处。在适温条件下，7～10 天就可发芽。

# 十六、草莓

## 144. 草莓种苗如何繁殖？

（1）繁殖方法　草莓主要采用无性繁殖途径，主要方法有匍匐茎繁殖法、母株分株繁殖法、组织培养与无病毒苗繁殖法。

（2）育苗母株的选择　最好是购买专业机构繁殖的组培苗作母株；如果采用自留苗种，则应选择品种纯正、长势强、无病虫害的越冬壮苗作母株。

（3）育苗圃的选择　苗圃选择地势平坦、土壤肥沃疏松、光照充足、排灌便利的地块，忌连作，最好是多年种植水稻的或者是未栽植过草莓的地块，如果是连作地，事先要进行土壤消毒。常用的土壤消毒方法有"棉隆"消毒法、"荣宝"（进口产品叫"庄伯伯"）消毒法、太阳能消毒法。

（4）育苗期的管理　①定植时间：春季育苗以3～4月中旬定植为宜。②定植密度：在窄畦中央种植一行或宽畦两边各种一行，株距80～100厘米左右，每亩种植苗量组培苗以500～600株为宜、越冬种苗以700～900株为宜；肥地或苗源不足时定植数量可少些，贫瘠地或苗源充足时定植数量可多些；移栽早的可适当稀些，移栽迟的可种密些。③定植深度：苗心与地面平齐，达到"上不埋心，下不露根"。栽植时把母株放入穴中央，让根系舒展，不要团在一起，栽后浇一遍透水，而后视土壤干湿程度决定灌水时间和次数。④肥水管理：4～7月是繁苗的关键时间，母株抽生匍匐茎的数量不断增多，根据苗的长势和原施基肥情况适时进行根外追肥，一般要求薄肥勤施。在匍匐茎大量抽生后，为使匍匐茎尽快扎根，应始终保持土壤湿润，在天旱季节要注意灌水，苗地抗旱灌水宜在傍晚和夜间，宜沟灌，以沟底有浅积水为宜，使畦面湿润，防止水漫过畦面，水量灌足后及时排水，不可长时间浸灌。⑤母株与子苗管理：母株成活后及时摘除花序、剥除老叶及病叶，并集中烧毁，中耕除草，减少养分消耗，促进根系生长，尽快抽生大量匍匐茎；宜人工除草，不宜使用除草剂，除草时要避免将新扎根植株变成浮苗，及时培土压苗；用50～100毫克/千克（或升）的赤霉素喷2次可促进匍匐茎发生和生长，两次间隔期在一周左右；在7月底以后，当子苗布满畦面时，每亩苗数达到30 000株左右时，可将母株挖除，给子苗腾出发展空间，增加苗地内空气流动性。

匍匐茎整理：母株抽生匍匐茎时，要对匍匐茎进行疏导和引压，将匍匐茎向有生长空间的苗地引导；当匍匐茎抽生幼苗时，前端用少量细土压向地面，露生长点，促进幼苗发根；当子苗布满畦面时，可摘除细弱和多余的匍匐茎，控制生长数量。

避雨防高温：草莓苗最佳生长温度是 23～28℃，超过 32℃生长即停止，遮荫可以维持较低温度，促进草莓花芽分化。在夏季高温期间，要对苗地进行适当的遮荫覆盖，最好能盖膜避雨，配合喷灌设施喷雾降温；也可搭建棚架覆盖黑纱或套种一些高杆宽叶作物如玉米，确保幼苗不被高温灼伤，并能减少或避免炭疽病的发生。

病虫害防治：草莓育苗期主要病虫害有炭疽病、叶斑病、黄萎病和地老虎、蚜虫等，一旦发生要及时喷药防治，并及时挖除病株、摘除老叶、病茎，集中烧毁。前期（4 月至 6 月），每 7～10 天用药一次防治炭疽病、白粉病，后期（7 月至 8 月）每 5～7 天用药一次；用药品种要更换交替使用；发现病株及时清除并集中烧毁。

## 145. 自留繁种母苗如何假植越冬？

（1）假植母苗选择　植株健壮，株高 15 厘米左右，5 至 8 张叶片，苗心正常，根系发达，无病虫害。

（2）假植时间　8 月上旬至 9 月上旬。

（3）假植地选择　连续多年种植水稻的地块或进行土壤更换、土壤消毒等措施减少草莓病害病原菌。不施肥料或使用少量有机肥。

(4)越冬管理 适时浇水，无须施肥，定期巡视，发现病株及时剔除；及时防治病虫害；适时摘除匍匐茎以及花茎。

# 146. 如何判断草莓种苗的质量?

一般草莓组培苗的质量标准：植株 10 厘米以上，4 叶 1 心，匍匐茎萌动、无病虫害、根系发达，白根数至少有 8 根以上。

一般草莓自留繁种母苗标准：植株健壮，株高 15 厘米左右，有 4 叶一心以上，苗心正常，茎基部粗 1 厘米以上，根系发

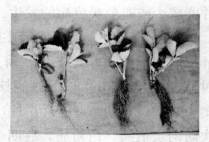

图 8 草莓健壮种苗与瘦弱种苗比较

达、白根多，无病斑与虫害。

一般草莓生产用苗的标准：植株健壮，株高 10 厘米以上，有 4 张以上叶片数，苗心正常，茎基部 0.5 厘米以上，根系发达，白根多，无病斑与虫害。

# 147. 草莓栽植前进行假植的作用和方法有哪些?

经过假植可促进初生根和细根的发生，提高苗

株整齐度，并对花芽分化有促进作用。

假值一般在草莓定植前一个月进行，选择健壮、无病虫害、具有 2～3 张展开叶、已扎根的子苗，带土移栽到事先准备好的苗床上进行培育，假植株行距为 10 厘米×10 厘米。假植时正是高温干旱期，必须边移植边浇水，并用遮阳网覆盖保护，成活后拆去遮阳网，追一次稀人粪肥，8 月中旬后严禁使用氮肥，作好病虫害防治。

### 知识链接

新品种"红颊"介绍

"红颊"由杭州市农科院从日本引进，经扩繁试种表现优质丰产，商品性好，2006 年通过浙江省农作物品种审定委员会认定。红颊属极大株型品种，植株直立高大，生长势强，叶柄粗长，叶柄基部、托叶和果蒂红色叶片厚，叶色淡绿、有光泽，葡匐茎发生量多，繁育能力强，育期每亩栽植 500 株左右。但夏季不耐高温，夏季繁苗时需采取避雨遮荫处理，较抗白粉病，对灰霉病和炭疽病较为敏感。红颊熟期适中，花期易控制，在一般促成栽培条件下，果实成熟较女峰、章姬迟 4～5 天，休眠浅，9 月上中旬移植，每亩栽苗 6 000 株左右，10 月下旬扣棚，11 月初开花，12 月上旬有少量果实上市。红颊草莓花茎长且粗壮，大棚种植不需使用赤霉素。果实整齐，果大，短圆锥形，果肉鲜红色，色泽好，味甜，风味浓，有香气，可溶性果形物 8%～13%。畸形果少，商品果率达 95% 以上，平均单果重 24～28 克，单株产果达 455 克，最高可达 653 克，一般亩产 1 500～2 000 千克。

# 十七、水17果

## 148. 水果种苗繁育方法主要有哪些？

水果种苗繁育方法有：有性繁殖法，即实生繁殖法；无性繁殖法，即自根繁殖法（扦插、压条和分株）和嫁接繁殖法。实生繁殖法是用种子播种长成植株的方法。凡是由种子播种于土中长成的苗木，称为实生繁殖苗木，简称"实生苗"。实生苗既可作砧木以繁殖嫁接苗，又可直接用作种植果苗。所有能产生种子的果树都可以采用实生繁殖方法繁殖苗木。采用扦插法、压条法、分株法繁育的苗木和采用嫁接法繁殖的苗木都是无性繁殖法培育出的苗木，统称营养苗或无性繁殖苗。

## 149. 扦插繁殖有几种方法？应注意些什么问题？

扦插繁殖分枝插法和根插法。枝插法分硬枝扦插和绿枝扦插。

硬枝扦插是用充分成熟的一年生枝条在休眠期进行扦插。当前生产中应用硬枝扦插最广的是葡萄。

作硬枝扦插时，将插条剪成2～3节一段，下端剪成斜面，斜放于沟底，覆土。保持适当而稳定的土壤湿度。

绿枝扦插是利用尚未木质化或半木质化的新梢在生长期中进行扦插。生产中应用的有柠檬、葡萄、枳等树种。作绿枝扦插可用当年健壮枝梢3节，上部留2片叶，除去下部叶，下部剪口要光滑整齐。插后需遮荫和勤灌水。

根插法：用粗度3厘米以上、长10厘米左右的根段，上口剪平，下口倾斜，春季扦插。有些砧木树种如杜梨、秋子梨、山定子等，利用苗木出圃剪留下的根段或留在地下的残根进行了根插繁殖。

# 150. 什么是压条繁殖法？其方法有哪几种？哪些果树可用其方法？

压条是在枝条不与母体分离的状态下压入土中，促使压入部位发根，然后再剪离母体独立新植株的繁殖方法。对于扦插不易生根的树种，应用此法繁殖效果较好。

压条方法有地面压条和空中压条。苹果和梨的矮化砧、樱桃、李、石榴、无花果等果树，葡萄、猕猴桃等蔓性果树，均可采用地面压条的方法；荔枝、龙眼、石榴、枇杷等果树可采用空中压条的方法，该法在整个生长期都可进行，而以春季和雨季较好，以苔藓作为生根材料为最好。

## 151. 什么是分株繁殖法？哪些果树可以采用分株繁殖法繁育果苗？

利用根蘖和匍匐茎分株法进行繁殖的方法，称为分株繁殖法。生产中枣、樱桃、李、草莓、穗醋栗等果树用分株繁殖法繁育果苗。

## 152. 常用的水果苗木嫁接方法有几种？其操作方法如何？

生产中应用最广的两种基本方法：一是芽接法，二是枝接法。

（1）芽接　利用接穗最经济，愈合容易，成活率高，易操作，工效高，嫁接期长。

芽接时期，一般在生长期皮层容易剥离时进行。不同树种芽接适期与方法不同，如桃芽接时期6月下旬至7月中旬、柿7月至8月中旬、柑桔8月至10月。常用的方法有丁字形芽接、嵌芽接、方块形芽接。

①丁字形芽接（盾状芽接）：芽片长1.5～2.5厘米，宽0.6厘米左右，通常削取芽片时不带木质部，但取芽时注意防止撕去芽片内侧的维管束。砧木在离地面3～5厘米处开丁字形切口，长度比接芽稍大一些，剥开后插入接芽，注意芽片上端与砧木

横切口紧密相接，然后加以绑缚。苹果、梨、桃、杏常采用此法嫁接。

②嵌芽接：削取接芽时倒拿接穗，先在芽上方0.8～1.0厘米处向下斜削一刀，长约1.5厘米，然后在芽下方0.5～0.8厘米处斜切呈30°角到第一刀口底部同，取下芽片，砧木的切口比芽片稍长，插入芽片后应注意芽片上端必须露出一线砧木皮层，最后绑紧。此法对于枝梢有棱角或沟纹的树种，如栗、枣等或苹果、柑橘等果树的接穗或砧木不易离皮时可用带木质部嵌芽接法。

③方块形芽接：自己制造双刃刀（具体做法是用2把手术刀平行固定在长15厘米宽2厘米左右的小木条，刀间距2厘米左右，刀刃露出小木条长度的二分之一），在接穗上削长1.8～2.5厘米、宽1.0～1.2厘米的方块形芽片，先不取下接芽；然后在砧木上按着接芽大小横割砧木皮层，再于右面竖割一刀，掀起皮层，立即将接芽取下装入，使右面切口相互对齐；把大于接芽的砧木左方皮层切去，使削下的接芽三边与砧木上去掉的皮留下的缺口三边相连，最后用薄膜绑紧露出接芽。此法多用于较粗的砧木或皮层较厚的树种（如核桃、柿子等）

（2）枝接法　通常在春秋两季进行。嫁接有切接法、劈接法、皮下接、腹接法、舌接法、根接法。

①切接法：适用于 1 厘米以上的砧木。接穗以 1～2 个芽、长 5～8 厘米为宜。长削面在顶芽的同侧，长 3 厘米左右。其对侧的短削面长 1 厘米以内。削平砧木断面，于木质部边缘直切，使切口的长、宽与接穗长削面相等，插入接穗，对准形成层，将砧木切口皮层包于接穗外面，用塑料条扎紧。

②劈接法：适于离皮前和较粗的砧木。接穗留 2～4 个芽，在芽的两侧各削 3 厘米长的削面成楔形，使有接芽一侧较厚，另一侧较薄。削平砧木断面，于断面中心处下劈，深度与接穗削面相同。将接穗宽面朝外插入劈口，对准形成层，削面上端应高出砧木切口 0.1 厘米，用塑料条绑紧。

③皮下（插皮）接：在砧木较粗和离皮时应用。接穗留 2 个芽以上，在芽的同侧削 2～3 厘米长的削面，在其反面的下端两边各斜打一刀，削去 0.2～0.3 厘米的皮层。砧木开 T 字形或一竖口插入接穗，绑紧。

④腹接法：适于插枝补空。接穗削成长边厚、短边薄的楔形。在砧木平滑处，向下斜切一刀，与接穗削面大小、角度相适应，插好接穗，保湿。

⑤舌接法：常用于葡萄硬枝接。要求砧穗同粗。在接穗基部芽的同侧削一马耳形削面，长约 3 厘米，后在削面前 1/3 处下刀，与削面接近平行（忌垂直

切入）切入一刀。砧木同法切削。将砧穗削面插合在一起，若砧穗不同粗，可先对准一边形成层。可不绑缚或稀绑，以利愈合。

　　⑥根接法：切削法可用劈接或腹接法。用粗度 0.5 厘米以上的断根，截成 8～10 厘米长，根据砧穗粗度互相劈接或倒腹接，接后用塑料薄膜绑紧。

---

**知识点**

　　什么是嫁接？把植株的一部分（如枝条或芽）接在另一植株的枝、干或根上，从而萌发长成新的植株，这种方法叫嫁接。用以嫁接的枝或芽叫接穗，承受接穗的枝或芽叫砧木。

　　什么是嫁接苗？由砧木和接穗嫁接后组合而成的苗叫嫁接苗。嫁接苗的培育包括砧木准备和嫁接苗的培育。其优点是有哪些？第一，保持品种的优良性状；第二，要利用砧木品种的优良特性，如用矮化砧可使树体变小，用耐寒砧木嫁接后可使树体免除或减轻冻害，等等；第三，用嫁接的方法高接换种，可将不良品种、不丰产单株或实生树等不符合需要的植物，换接为需要的品种；第四，修复和救治病、伤树体：如天牛为害根颈，可用靠接更换砧木；用桥接法修复枝干的损伤部分，使树体恢复健康。

---

# 153. 如何选择砧木和培育实生苗？

　　由于嫁接苗是由砧木和接穗两部分组成，因此，可以利用砧木的某些性状和特性如矮化、乔化、抗寒、抗旱、耐涝、耐盐碱、抗病虫等增强栽培品种的抗性和适应性以扩大栽培范围。选择砧木时应考虑：一是与接穗有良好的亲和力；二是对接穗的生长和结果有良好影响，如生长健壮，结果早，丰产，寿命长；三是对栽培地区的气候、土壤环境条件适应能力强，如抗旱、抗涝、抗寒、抗盐碱等；四是对病虫害的抵抗力强；五是繁殖材料丰富，易于大量繁殖；六是具有特殊需要的特性，如乔化或矮化等。

生产中苹果、梨、桃、李、杏、柿、枣、柑橘、枇杷、杨梅、荔枝、龙眼等果树要培育实生苗作砧木。其常用对应的砧木，苹果—山定子、海棠果；梨—秋子梨、杜梨、豆梨、野生砂梨；桃、李、杏—毛桃、山桃；枣—酸枣；柑橘—枳、酸橘、枸头橙、枳橙、柚；枇杷、杨梅、荔枝、龙眼用本砧，即自己果实的种子。

实生苗采集种子时，应选择优良的成年母本树；种子形态成熟；选择肥大、果形端正的果实。种子从果实中取出后视不同树种选择播种或还是需适当干燥，需适当干燥的，应放置荫处晾干，不宜曝晒，然后妥善贮藏。落叶果树如山定子、海棠果、杜梨、酸枣、山葡萄等在充分阴干后贮藏；龙眼、荔枝、枇杷、柑桔等常绿果树的种子在采种后必须立即播种或湿藏，才能保持种子的生活力，否则干燥后丧失生活力或发芽力低。落叶果树的种子具有自然休眠的特性，虽然给以适宜的发芽条件，也不能随时发芽。需要低温层积通过后熟。

> **知识点**
>
> 层积的方法。通常用洁净的河沙作材料，砂的用量，中小粒种子一般为种子容积的 3~5 倍，大粒种子为 5~10 倍。砂的湿度以手握成团而不滴水即可，约为砂的最大持水量的 50%。层积温度以 2~7℃为宜。

# *154. 如何采集与贮运接穗？*

确定发展品种后，在繁殖苗木时，为了保证苗木品种纯正，应从良种母本园采集接穗，如无良种母本园也应从经过鉴定的优良品种的营养繁殖系的成年母树上采取。母树必须具备品种纯正、丰产、稳产、优质的性状，无检疫对象。选作接穗的枝条，必须生长充实，芽饱满。

秋季嫁接都采用当年新梢作接穗。春季嫁接一般多采用一年生枝条，也可用 2 年生枝条，个别树种如枣可用 1~4 年生枝条作接穗。夏季嫁接有用贮藏的一年生或多年生枝条，也有用当年新梢，主要根据枝条贮藏的难易而定。

生长期进行芽接时，接穗最好随采随用，以免降低成活率。春季枝接和芽接用的接穗可结合冬季修剪采集，按品种打成捆，并加品种标签，埋于地窖、山洞或沟内的湿砂中。在贮藏中要注意保温、保湿、防冻。春季回暖后要控制萌发。

夏秋季采集的接穗，应立即剪去叶片，以减少水分蒸发，叶柄剪留1厘米长，以便于芽接时的操作和检查成活率。接穗多，当天或近期接不完的接穗，应放在阴凉的地方保存。接穗下端，用湿砂培好，并喷水以保持湿度。

接穗需要外运时，应附上品种标签，并用塑料薄膜或其他保湿包装材料包好再装入布袋或木箱或竹筐中，以保持水分。运到后立即开包将接穗用湿砂埋藏于阴凉处。

## 155. 苗木出圃应注意些什么？

一是对苗木种类、品种、各级苗木数量进行核对、调查或抽查。

二是选择适当时间起苗。落叶果树多在秋季苗木新梢停止生长并已木质化、顶芽已经形成并开始落叶时进行。秋挖可行秋植或假植。春季挖苗则可减少假植工序。常绿果树一般是春秋两季出圃较多，在春梢萌发前或新梢充分成熟两个时间出圃定植。秋季主要在秋梢成熟后进行。若用塑料薄膜袋育苗，因根系完整不易损伤，随时均可出圃。

三是注意起苗方法。若土壤干燥，应充分灌水，以免起苗时损伤过多须根。根据需要选择苗木带土和不带土的方法挖取。起苗后对苗木进行适当修剪，如嫩梢、病虫为害部分或损伤的根系，若远距离运输，还需蘸泥浆护根打包。

四是选苗分级。根据苗木品种与规格进行分级。

五是苗木检疫和消毒。

# 十八、茶树

## 156. 茶树无性繁殖有几种方法？

茶树无性繁殖的方法很多，有扦插、压条、分株、嫁接等，当前常用的是短穗扦插法。

> **知识点**
>
> 茶树无性繁殖优点：能保持良种固有特性，后代性状一致，生育期和长势比较整齐，新梢大小、持嫩性和色泽较接近，便于管理和机采。

## 157. 繁育无性系良种茶苗有哪些技术要点？

要做好无性系良种茶苗的繁育工作，必须抓好苗圃地整理、扦插和苗圃管理三方面的技术环节。

（1）苗圃地整理　苗圃地宜选择在灌溉方便，酸性土壤的缓坡或平地上，选择旱地时需布置排水和灌水设施，有条件的可安装喷灌，全年保证有水，能排能灌；苗圃地绝对不能设在曾被水淹没过的地方，一般不宜连续多年扦插，扦插2～3年后的苗圃最好与绿肥轮作，以增加土壤肥力，如多年连作的需对土壤进行消毒。苗圃地须进行全面深翻作畦，畦宽 100 厘米，沟宽 35 厘米，沟深 20 厘米。基肥最好在做畦前的第一次深翻时施用，以有机肥为主。

标准插穗　　上端过长　上端过短、下端剪口方向错误
插穗

扦插方法

图 9　茶树插穗标准和扦插方法

（2）扦插　剪取当年生健壮的表皮呈棕红色或棕红带黄的半木质化枝条，剪成 3～4 厘米带一张完整叶片和一个饱满腋芽的短穗，剪口须平滑，上下端均要剪成呈 45°的斜形切口且与叶向相同，上端剪口应高于腋芽；插穗须当天插完。扦插规格按行距 8～10 厘米在畦面划行，株距以叶片不重叠为宜（图 9）。扦插时间一般秋插以上午 10 时前或下午 3 时后为佳。插穗叶片的方向，应顺着当地主要风向排列，插时用

食指和拇指捏住插穗上端，轻轻插入土中，叶片不能贴土面。每亩扦插约20万株。插后及时喷水润土。

（3）苗圃管理　主要包括覆盖遮荫和浇水施肥两个方面。扦插完毕后，随即搭棚遮荫，目的是保温、保湿，促进插穗的快速生长。插后第一个月晴天早晚各浇水一次，雨日注意排水；发根后视土壤湿度和天气情况而定，每天浇水一至二次，保持土壤湿润。当80%插穗生根，且根长达到约5厘米时，开始第一次施肥，用量逐渐增加，每次施肥后用清水喷淋一次。此外，还要注意防治病虫害。

# 158. 茶苗出圃、包装、运输要注意哪些事项？

茶苗出圃要附有省级农业部门统一印制的《茶树无性系良种苗木质量合格证》和《茶树无性系良种苗木标签》。起苗前可将高于第一次定型修剪高度（距地面20厘米左右）的枝叶剪去，以减少叶面水分蒸发。起苗时，苗圃土壤必须湿润疏松，注意保护根系，勿使受到损伤，切不可晒干。茶苗出圃前先用杀虫剂或杀菌剂进行消毒处理，如发现茶苗根结线虫病或茶饼病的茶苗应就地烧毁。外运的茶苗必须妥善包装，一般可50～100株为一捆，用泥浆蘸根，然后用稻草包扎根部。做到随挖、随运，不可积压太久，到达目的地必须立即栽植。

# 十九、中药材

## 159. 中药材繁育方法有哪些？

（1）种子繁殖　主要有以下步骤：①种子播前预处理，方法有机械破皮（针对种皮不透气或不透水的种子，如甘草、儿茶等），浸种，沙藏层积处理（针对有休眠习性的种子，如红豆杉、银杏等），综合处理（采用多种方法处理才能发芽，如山茱萸、杜仲等，先要机械破皮或热水浸种，然后再层积一段时间才能发芽）。②播种期的确定，主要决定于种子发芽的最适温度，并结合当地的气候。北方一年生草本中药材大部分春季播种，如荆芥、决明等；多年生草本中药材适宜春播或秋播，如大黄、丹参等春播，人参、北沙参为秋播。有些短命种子即采即播，如肉桂、细辛等。播种期会因气候带不同而有差异。如在长江流域，红花采用秋播，因延长了生长期，产量比春播要高得多，而在北方因冬季寒冷，幼苗不能越冬，一般采用春播。有时还因栽培目的不同播种期也不同。如牛膝收种子宜早播，收根宜晚播；板蓝根为低温长日照植物，收种子应秋播，收根应春播。③播种方式，主要有育苗移栽、直播、条播、撒播、点播和穴播等。

（2）种苗繁殖（营养繁殖）

①分株繁殖，有以下五种：一是鳞（球）茎繁殖，用鳞茎繁殖，如百合、贝母；用球茎繁殖，如半夏、西红花。二是块茎（根）繁殖，如地黄、山药、何首乌。按芽和芽眼位置切割成若干小块，每一小块必须保证有芽眼和肉质部分。三是根状茎繁殖，如款冬、薄荷，其横走的根状茎可按一定长度或节数分割成为若干小段，每段有 3～5 个节，作为繁殖材料。四是分根繁殖，芍药、牡丹、玄参等多年生中药材，在种植时将宿根挖出，分成若干带芽小块作为种栽。五是珠芽繁殖，百合、半夏、薤白等植物的叶腋或花序上长的珠芽，可以作为种子取下，播种即可。

②压条繁殖：普通压条法如金银花、连翘、辛夷等；空中压条法如酸橙、佛手等。

③扦插繁殖：根插法如山楂、大枣、大戟等用根作插条；叶插法如落地生根、秋海棠等；枝插法分软枝扦插和硬枝扦插，软枝扦插如菊花、藿香等，硬枝扦插如木槿、银杏、木瓜等。生产上应用最多的是枝插法。

# 160. 如何建立中药材种子种苗繁育基地？

种子是中药材生产的最基础材料，要提高中药材的产量和质量，必须繁育足够的良种。良种繁育的内容很多，最关键的是中药材种子种苗生产繁育基地建设。基地位置最佳选择地是中药材的道地产地，适于留种中药材生长发育、优质高产的地区，要求有良好的温、光、水、土壤、肥料条件，交通方便，具有自然屏障，可供隔离，以防治混杂退化等。中药材种子种苗生产基地，通常有以下 3 类：一是永久性的中药材种子种苗生产繁育基地。应选自然、地理、技术、管理、资金等各项条件都较好的地方作为永久性中药材种子种苗生产基地。二是特约性的中药材种子种苗生产繁育基地。选择有较好自然条件的地方，通过订单形式，专门生产某一中药材种子种苗。如浙江产区的浙贝母的种用鳞茎许多是在江苏南通等地繁育的，由浙江的经营者收购在浙江销售。三是临时性的中药材种子种苗生产繁育基地。为补充某些中药材种子种苗货源不足，每年选择一定面积的留种基地，称临时性中药材种子种苗生产繁育基地。目前，这种情况最普遍。如菊花留种就是在种植田的菊花采收后，选几块长势较好的田留种繁育菊苗，并没有专门育苗基地。

# 第四部分
# 种子质量纠纷处理

三农热点面对面丛书

# 一、种子质量纠纷及其处理

## 161. 什么是种子质量纠纷?

　　种子质量纠纷是指农作物种子在使用过程中因种子质量、栽培管理或气候原因,导致田间出苗、植株生长、作物产量、产品品质受到影响,生长发育异常(种子不出苗或成苗率低;植株、果实生长或发育不正常;产量、品质下降等),种子使用者和种子经营者当事双方对造成异常事故的原因及损失程度存在分歧、引发争执。

　　种子质量纠纷问题属于农业生产事故纠纷,概括起来有三种情况:一种是因种子质量没有达到国家规定的标准,或是因假冒伪劣、以次充好而产生的纠纷;另一种是经营者未能正确介绍品种的特征特性、栽培技术和注意事项等,或是种子经营者为谋取私利,以虚假广告故意夸大种子优良特性和收益或刻意隐瞒品种自身存在的缺陷,误导种子使用者而产生的纠纷。发生以上两种情况,种子经营者应当依法向种子使用者(即消费者)赔偿经济损失。第三种是因气候影响、栽培技术不到位或其他非种子质量造成损失的纠纷，种子经营者则不承担赔偿责任。

# 162. 为什么要区分种子质量问题和非种子质量问题？

　　发生种子质量纠纷时，首先要分清造成事故纠纷的原因。在处理种子质量纠纷的时候，了解非种子质量问题的发生原因和表现症状，正确鉴别种子质量问题还是非种子质量问题是处理种子质量纠纷的前提和关键。因非种子质量问题引发的减产，种子销售商不承担损害赔偿责任。由于农作物种植（播种）后出现的种子不出苗或出苗率低、植株生长不正常、纯度不一致、产量下降、品质和商品性差的影响因素较多，可能是本身的种子质量问题所引起，也有可能是气候条件或农药药害、栽培管理等因素造成。因此，需要分清发生问题的原因和责任，才能采取不同的解决事故纠纷的方式。

　　从各地发生的一些种子纠纷案例来看，非种子质量纠纷还是占有相当的比例。在处理种子质量纠纷的时候，种子质量问题和非种子质量问题的鉴别常常具有较大的难度，主要是因为种子质量是一个范围较广、较复杂的概念，影响种子质量问题的因素包括生产、加工、流通和大田栽培等各个环节的人为操作和土壤、气候条件等，很难准确区分种子质量问题和非种子质量问题，且处理这两种问题的方式方法有很大区别，由此也将带来完全不同的处理结果，因此需要正确区分种子质量问题和非种子质量问题。

# 163. 种子质量原因导致的纠纷有哪些？

因种子原因诱发的纠纷主要包括品种适应性纠纷、假种子纠纷、劣种子纠纷和宣传欺骗纠纷。

（1）品种适应性纠纷 农作物种子只有在适宜的生态环境下才能正常生长发育，超出适宜区域就不能正常发育。比较常见的有两种情况，一是在非适宜地区推广种植，二是推广未审定品种。有些作物对气候反应比较敏感，品种的种植适宜区非常严格，尽管这些品种通过了审定，但种植在审定公告的推荐种植区域之外，就会加大品种的适应性风险。生产者如果使用未审定的品种时，往往会因品种适应性的风险没有被发现，推广后就容易出现这样或那样的缺陷和问题而引发纠纷。

当然，审定品种在规定使用区域内也可能出现不可克服的弱点或严重退化情况，这种情况一般属于非种子质量问题。

（2）假种子纠纷 一是以非种子冒充种子。这类情况在实践中数量不多，但危害甚大。小麦、大豆等常规种子可能表现不太明显，但是对于杂交种子，比如用粮食冒充种子，危害极大，后代严重分离，减产一般可能达到 50％，棉花种子中常以二代杂交种冒充杂交种。

二是以此品种冒充彼品种。即品种与标签标注不相符，常见的情况是用销滞的或淘汰的品种标注为市场上看好的新品种或畅销的品种。这样由于品种不真实会给使用者造成错误引导，采用不恰当的栽培管理技术最终造成作物减产。

（3）劣种子纠纷　农作物种子质量必须达到国家强制性标准，如果纯度、发芽率、净度和水分四大指标其中一项达不到标准或者种子质量指标低于标签标注的都是劣种子。生产实践中，纯度不够或发芽率低是导致种子质量纠纷的主要因素。发芽率低将会导致播后出苗差或不出苗，使用者不得不补种、毁种或改种，导致推迟播期和成熟期而减产。种子纯度问题，主要是因种子纯度降低或者一批种子中混有其他品种种子而影响产量和商品性，引发纠纷。

（4）宣传欺骗纠纷　个别种子经营者为牟取暴利，夸大宣传误导农民，或者不向购种农民如实提供该品种的特征特性和栽培要点，甚至隐瞒品种的主要缺陷。一旦种子使用者发现作物生产情况和收益与种子经营者的宣传和承诺的情况相差悬殊，也容易产生纠纷。

# 164. 如何正确判断非种子质量原因引起的纠纷?

非种子质量原因引起的生产事故往往由于生产过程中的气候因素或种子使用者的人为因素引发,从发生规律和田间表现形式上可以正确区分种子质量问题和非种子质量问题。

(1) 非种子质量问题往往只发生于少数农户,在该批次种子中单独发生。一个合格的种子企业种子包装有严格的规定程序,每批次种子需将大样混堆后再装成小包装,因而从理论上讲,同批次种子的质量没有大的区别,一旦出现种子质量问题往往是大量发生。

(2) 受非种子质量问题影响的可能包括某一农户种植的多个组合。种子质量问题只会影响到有种子质量问题的单一组合。

(3) 大面积的非种子质量问题可能包括采用同一种栽培管理方式、同一类治虫防病措施的田块,或者遇不良天气条件时处于相同敏感生育阶段的由不同企业生产、经销的一定范围的多个品种或组合。

(4) 药害等非种子质量问题表现症状,在田间往往成条状或者成块状分布;而种子质量问题表现症状在田间一般成均匀分布。

# 165. 哪些原因可能导致非种子质量问题的产生？

在农业生产中，因气候因素或人为因素造成作物不出苗或出苗较差、生长缓慢或者徒长，成熟偏晚或者提早成熟而导致作物品质低劣，产量下降，这些都属于非种子原因引发的质量事故。非种子质量纠纷产生的客观因素，往往是异常气候和环境条件的影响。种植者的人为因素也会导致非种子质量纠纷产生，主要是对生产上的一些基本技术措施不到位，甚至是由于失误而导致作物生长异常；或者是没有全面了解品种特性，尤其是新品种的特性，未能按照品种的栽培要求进行生产和管理，而导致作物生长异常。

（1）气候因素造成的非种子质量问题　因气候异常影响范围广，产量损失大，易引起群发性的种子质量纠纷，是非种子质量事故的主要成因之一。如：气候异常往往对杂交水稻生产造成大范围的灾害，还可能引发病虫害的大量发生。低温造成植株生育进程推迟，抽穗困难出现卡颈现象，使结实率降低而严重影响产量；高温影响稻株自花授粉造成高温逼熟，空壳率增加千粒重降低。

光照不足、高温、低温、暴雨、冰雹、干旱等非正常气候引起植株发育异常，发生病害、早衰、

221

不结实，表现减产、品质差等现象，都会给农业生产造成损失。如长时间阴雨导致光照不足，大豆易徒长，籽粒变小；高温或低温、湿度大等影响作物授粉，导致结实率降低；玉米抽雄开花期遇连续阴雨或高温，就会影响授粉，造成秃顶、结实率严重降低，甚至不结实；小麦遭遇长时间低温，尤其在拔节期时遇低温天气，造成冻害。大风、暴雨造成作物倒伏，引发病害；长期干旱作物枯死，这些情况都会给农业生产造成重大损失。

（2）病虫危害造成的非种子质量问题　在作物生长期间，可能遭受病虫害的危害，其危害程度与生产环境、栽培技术和病虫防治时期、防治技术有直接关系，如玉米矮缩病主要是苗期病毒传播媒介芽虫、灰飞虱等害虫传播造成的。玉米螟危害导致玉米空秆。作物病虫、草害防治不及时引起减产甚至绝收等。

（3）栽培管理不当造成的非种子质量问题　栽培技术如茬口、整地质量、播期、浸种、播种质量、种植密度、浇水、营养元素缺乏都有可能造成生长畸形、缺苗断垄、减产或品质下降。水稻育秧措施不当，秧龄过长引起早穗；水肥管理不当，未按照品种特性管理，过量施用氮素肥料或田间排水不畅、长期渍水引起倒伏。稀植玉米品种种植密度高，导致空秆率高、穗小、秃尖大，产量低。

（4）药害引起的非种子质量问题　田间施药量和施药时间不科学、混配药剂的使用增多、有效成分复杂导致药害，由此而引起的非种子质量问题逐年增多。个别农户错将除草剂当病虫防治用药使用或者使用施用除草剂后未清洗干净的喷雾器施药，除草剂药害前期出现禾苗卷曲、矮缩、死亡等症状，中、后期药害严重影响抽穗和结实。使用农药、化肥和生物激素不当，如使用假农药、化肥会对农作物产生药害，导致"烧苗"。激素的使用不当，同样也会造成损失，甚至绝收。药害的主要特征是田间成块状或条状分布，与施药者的施药习惯和走向密切相关。

# 166. 种子质量纠纷处理有哪些途径？

种子质量纠纷的调解和处理属农业行政执法范畴。根据《种子法》第 55 条、第 59 条的规定，县级以上农业主管部门（农业局）是农作物种子的行政执法机关，工商行政管理机关也负有查处假劣种子的职责，对于种子质量问题，可以向这两个部门投诉，请求他们依法调查处理。

当种子使用者和种子经营者之间发生种子质量纠纷时，可遵照《种子法》、《消费者权益保护法》的规定，通过以下途径解决种子质量纠纷。

（1）协商解决　如果发生种子质量纠纷，种子使用者要立即取证，将留存的种子及包装袋和发票（收据）妥善保管，将留存的种子封存，留作鉴定时用。如果能现场拍照，最好及时对田间种植的农作物进行取样、拍照或录像，这是处理种子质量纠纷最重要的证据。然后与种子经营者交涉，当事双方通过协商，对造成种子质量事故的原因达成共识，并就经济赔偿问题取得和解或确认。如双方达成协议，则应履行协议。

（2）申请调解　当种子使用者和经营者无法协商和解时，可由政府及其职能部门，或民事调解组织作为第三方主持调解，在当事双方自愿基础上，就种子质量事故原因和经济赔偿事宜协商解决。也可由双方或一方向当地农业行政主管部门（农业局）、种子管理站或工商、消协等部门提出申请调解。主管部门一般会受理并首先依法进行进一步的调解工作，如调解失败，则进行质量责任的鉴定工作：①对留有样种的，有关部门委托有种子质量鉴定权限和资质的种子质量检测单位，依照国家相关标准，采取合法程序进行种子质量检验，并出具具有法律效力的检验报告，管理部门依此依法进行处理；②对没有留样种的，可由管理部门组织专家进行现场鉴定；③对既没有留样种又没有现场可供鉴定的，可遵循自愿、平等、诚实信用的原则进行协商调解。

（3）仲裁起诉　种子经营者和使用者不愿通过协商、调解解决或者协商、调解不成的，可以根据双方在质量事故发生前，或事故发生后自愿达成的书面仲裁合同，通过仲裁机构的依法裁决，解决种子质量纠纷。

（4）民事诉讼　种子经营者和使用者也可以将种子质量事故直接向人民法院提起民事诉讼，由人民法院依法调解或判决处理。

上述解决途径中，协商办法比较简单、双方认同即可；合同仲裁和民事诉讼由专门机关按规定程序运作，也不复杂；民事调解则相对难度较大，主要是作为种子执法主体的农业主管部门，开展该项工作的时间不长、经验不足，尚处于探索、完善阶段。

### 相关链接

《种子法》第四十一条：种子使用者因种子质量问题遭受损失的，出售种子的经营者应当予以赔偿，赔偿额包括购种价款、有关费用和可得利益损失。经营者赔偿后，属于种子生产者或者其他经营者责任的，经营者有权向生产者或者其他经营者追偿。

第四十二条：因使用种子发生民事纠纷的，当事人可以通过协商或者调解解决。当事人不愿通过协商、调解解决或者协商、调解不成的，可以根据当事人之间的协议向仲裁机构申请仲裁。当事人也可以直接向人民法院起诉。

同时，在这里提醒广大农民朋友，种子质量问题的处理要及时，尤其是申请种子质量纠纷田间现场鉴定的农户，切忌错过鉴定的最佳时期。为最大限度地减少损失，在保全证据的前提下要积极采取补种，加强田间管理，切不可弃管而致使损失扩大。

## 167. 种子质量纠纷处理的一般程序是怎样的？

在农业行政执法实践中，种子质量纠纷处理的过程一般分基本事实确认和纠纷调解处理二个阶段。现将基本事实确认和调解处理的主要工作分别予以叙述。

**第一阶段：基本事实确认**

（1）投诉受理　种子质量纠纷发生后，种子使用者和种子经营者单方或双方会到农业主管部门投诉，农业主管部门在受理投诉中应注意做好以下事项：

①查验有限凭证。请当事人提供购种发票或其他文字依据，确认投诉方与被投诉方买卖关系存在。

②倾听事实表述。要认真倾听、记录当事人对质量事件发生经过、结果的叙述，待其表述完毕，对其中还不够清楚、有疑问的环节及时提问，特别要注意了解种子处理、播种期，以及肥水、药剂施用等栽培管理情况。

（2）现场技术勘查　组织专业技术人员到事故现场作技术勘查。勘查中应注意品种形态特征的典型性、一致性；植株生长发育状况；病、虫、药、肥伤害情况，以及相邻农户、田块同一品种的表现情况等。

（3）判定事故原因及专家鉴定　在听取投诉人事实陈述和现场技术勘查的基础上，通过综合分析作出事故原因的判定，以确定当事双方责任。但在调解实践中，经常会出现这样的情况，有的事故成因受主客观因素的制约，不能下确切定论；有的事故下了定论当事人却不认同，因此，这就要组织专家组作专题鉴定，专家组的鉴定作业按农业部《农作物种子质量纠纷田间现场鉴定办法》（2003 年第28 号令）执行。

**第二阶段：纠纷调解处理**

农业主管部门在事故的基本事实得到确认后，即可召集双方当事人实施调解。属于非种子原因引发的事故，对当事双方讲清事实，不追究种子经营者的责任；属于种子质量原因造成损失的，先行调解作业，通过调解双方在自愿基础上达成经济赔偿协议；再对事故立案调查，待查清全部违法事实，依据种子法对种子经营者给予相应的处罚。对事故情节严重、构成犯罪的依法移送司法机关追究刑事责任。

## 168. 农作物种子质量纠纷田间现场鉴定是怎样做的？

现场鉴定是指农作物种子在大田种植后，因种子质量或栽培、气候等原因，导致田间出苗、植株生长、作物产量、产品品质等受到影响，双方当事人对造成事故的原因或损失程度存在分歧，为确定事故原因或（和）损失程度而进行的田间现场技术鉴定活动。现场鉴定由田间现场所在地县级以上地方人民政府农业行政主管部门所属的种子管理机构组织实施。

（1）农作物种子质量纠纷田间现场鉴定申请和审查　种子质量纠纷处理机构根据需要可以申请现场鉴定；种子质量纠纷当事人可以共同申请现场鉴定，也可以单独申请现场鉴定。

鉴定申请一般以书面形式提出，说明鉴定的内容和理由，并提供相关材料，并交纳所需的鉴定费用。口头提出鉴定申请的，种子管理机构应当制作笔录，并请申请人签字确认。在提出鉴定时要注意把握好鉴定内容不要错过该作物生长典型性状表现期，并保护好鉴定现场，以免从技术上无法鉴别所涉及的质量纠纷原因而不能进行田间鉴定。

种子管理机构对申请人的申请进行审查，符合条件的，应当及时组织鉴定。有下列情形之一的，种子管理机构对现场鉴定申请不予受理：

①针对所反映的质量问题，申请人提出鉴定申请时，需鉴定地块的作物生长期已错过该作物的典型性状表现期，从技术上已无法鉴别所涉及质量纠纷起因的；

②司法机构、仲裁机构、行政主管部门已对质量纠纷做出生效判决和处理决定的；

③受当前技术水平的限制，无法通过田间现场鉴定的方式来判定所提及质量问题起因的；

④该纠纷涉及的种子没有质量判定标准、规定或合同约定要求的；

⑤有确凿的理由判定质量纠纷不是由种子质量所引起的；

⑥不按规定缴纳鉴定费的。

（2）现场鉴定方法和管理　鉴定由种子管理机构组织专家鉴定组进行。专家鉴定组由鉴定所涉及作物的育种、栽培、种子管理等方面的专家组成，必要时可邀请植物保护、气象、土壤肥料等方面的专家参加。专家鉴定组名单应当征求申请人和当事人的意见，可以不受行政区域的限制。

对现场鉴定书有异议的，应当在收到现场鉴定书15日内向原受理单位上一级种子管理机构提出再次鉴定申请，并说明理由。上一级种子管理机构对原鉴定的依据、方法、过程等进行审查，认为有必要和可能重新鉴定的，应当按《农作物种子质量纠纷田间现场鉴定办法》规定重新组织专家鉴定。再次鉴定申请只能提起一次。

## 169. 如何进行纠纷解决中的损失认定？

根据专家现场鉴定意见，如果事故纠纷确认是因为种子质量问题造成的，种子使用者（种植农户）可以要求种子经营者赔偿（补偿）所造成的损失。在赔偿（补偿）前应对损失情况进行调查，一般由双方当事人共同对损失金额进行调查测算，如双方对调查后损失金额不能达成一致的，也可以由双方当事人或一方当事人要求当地农业部门或有关单位组织对损失金额进行调查测算。

《种子法》第41条规定，种子使用者因种子质量问题遭受损失的，出售种子的经营者应当予以赔偿，赔偿额包括购种价款、有关费用和可得利益损失。有关费用是指种子使用者在购买、使用种子过程中所发生的有关费用，包括交通费、保存费等。按照农业部的有关解释，对于一年生的作物，可得利益损失是指当年产值和同种作物前三年平均产值的差额部分，计算前三年的平均产值时产量应以县统计局统计的受害人所在乡该种作物的产值为准。近几年有近20个省出台了种子法配套法规，有些省对有关费用和可得利益损失作出了具体规定，如河北省种子法实施办法规定：有关费用包括购买种子支出的交通费、种子保管费、鉴定费、误工费和种植管理费。农作物种子使用者遭受的可得利益损失，按其所在乡（镇）前三年每公顷土地同种作物的平均产值减去其当年实际收入计算；无统计资料的，可以参照当地当年同种作物的平均产值减去其实际收入计算；无参照农作物的，按照资金投入和劳动力投入的 1.2～1.5 倍计算。湖南省实施种子法办法、江苏省种子管理条例也有类似规定。

# 二、相关案例介绍

为使读者对种子质量纠纷处理有一个更清晰、直观的认识，我们从中国种子网、中国农业律师网、法律教育网以及各地的农业、工商行政管理、法院等门户网站中，查找、摘录了部分种子质量纠纷处理案例（由于篇幅关系，本文有删节，但尽量保留原有信息），希望这些纠纷和案例的处理过程会给大家带来方方面面的启示。

## 170. 水稻种子质量追偿纠纷案

2006年2月，江苏省邳州市农资经营户怀某从某种业公司购买了豫粳六号种子2 150千克，并签订了农作物种子购销合同。部分农户从怀某处购买该批种子播种后即发现稻种质量有问题，2006年8月，种植户所在村民委员会申请邳州市农林局对该水稻品种纯度、种子抗病性等进行田间鉴定，邳州市农林局于2006年10月出具的鉴定结论为：豫粳六号低于国家种用标准，系劣质种子。经协商，怀某共计赔偿种植户14万余元。后就豫粳六号稻种因质量问题所造成的损失与种业公司协商未果而诉至法院。

　　法院审理后认为，因产品存在缺陷造成人身、他人财产损害的，受害人可以向产品的生产者要求赔偿，也可以向产品的销售者要求赔偿。《种子法》规定，种子经营者先行赔偿种子使用者的损失，然后向种子生产者追偿。原告怀某购买了被告种业公司的豫粳六号稻种销售后，给购买和使用该批稻种的许多人造成了严重的经济损失，并已通过协商等方式赔偿了其他人的经济损失，故其作为购买人，因购买使用该劣质种子所造成的经济损失有权向豫粳六号劣质种子的销售者即种业公司主张。诉讼中，法院对购买使用豫粳六号劣质种子所造成的损失委托了邳州市价格认证中心进行了鉴定评估，鉴定标的的价格为12.5万元，故法院对该价款依法予以确认。一审判决被告种业有限公司赔偿原告怀某各种损失12.7万元（含鉴定费2 000元）。

# *171.* 抗虫棉种子质量追偿纠纷案

　　山东省曹县某镇农业技术服务中心从某种业有限公司处购买鲁棉研15号抗虫棉种子500千克赊销给农户种植，出现种子质量问题，农户要求赔偿。镇农业技术服务中心在委托县种子管理站组织农业专家组成专家组进行田间现场鉴定，确定导致田间出苗率低造成事故的原因和损失程度，委托农业部种子质量检测中心对种子样品实施检验，通过室内鉴定作出种子样品不合格的鉴定结论。与受害农户协商，达成赔偿农户损失 23.68 万元和减免农户赊销种子款等 3.7 万元的协议。赔偿农户损失以后，镇农业技术服务中心通过诉讼向种业有限公司追偿了损失。

## 172. 购销玉米种子质量纠纷案

1990 年 2 月，黑龙江省哈尔滨市某镇政府种子站与某种子公司商定购买玉米种子"四单八"。种子公司从吉林省某原种场购买发芽率 80% 的"四单八"玉米种 2.6 万千克，在未进行芽率检验的情况下，即直接送至种子站。

2 月至 3 月间，种子站共卖给陈某等 709 人"四单八"玉米种 2.1 万千克，在销售时未向农民说明是陈种。由于该批陈玉米种芽率低，芽势弱，致使玉米出苗时均未出全苗，并有死苗现象。陈某等人遂向有关部门做了反映。经哈尔滨市农业局种子管理处组织有关人员到受害农田现场调查，平均出苗率为 65%。

陈某、秋某等 709 人发现玉米出苗不齐后，除少数农户毁苗改种其他农作物外，绝大部份农户采取了补种措施，但仍造成减产。因此，向区人民法院提起诉讼，要求种子站赔偿经济损失。

法院在审理中对涉及的总受灾农户、种植面积、减产数量和赔偿数额进行了查证。根据该品种的用种量和购买数量认定受灾面积为 9 007.8 亩。根据哈尔滨市农业局种子管理田间鉴定的缺苗幅度为 25%（出全苗标准 90%、受害农户平均出苗率 65%），结合该镇四年来"四单八"玉米的平均产量和 1990 年当地玉米长势较好的情况，最终确定当年玉米受损田块每亩减产 112.5 千克。农户采取了补种措施，获得了一定收益，每亩实际减产 20.6 千克，共计减产 185 561 千克。最后，确定赔偿数额为当事人的直接损失与合理的间接损失之和，赔偿范围包括减产损失、购买补种的玉米种子费用、补种的人工费，据此确定每亩实际赔偿 14.99 元，赔偿总额为 13.49 万元。

经过审理，法院认为：种子站在出售种子前未进行芽率检验，又未向农民说明是陈种，对因玉米种子质量不合格给陈某等 709 人造成的经济损失，应负主要责任。因种子站不具备法人资格，其赔偿责任应由镇政府负担。种子公司在售种前未进行芽率检验，供种时未向种子站提供质量合格证及检疫证，而且所供种子达不到黑龙江省规定的质量标准，又未经有关部门审批，违反国家及黑龙江省的有关规定，对给农民造成的经济损失也负有赔偿责任。判令镇政府赔偿陈某等 709 人经济损失 7.42 万元；

种子公司赔偿 6.07 万元，合计赔偿 13.49 万元。

# *173.* 无证销售种子损害赔偿纠纷案

1992 年 11 月，福建省漳浦县林某等 47 户村民，从无证商贩林某某处购买了毛豆新品种 301 号、311 号种子 238 千克，双方签订了协议书，约定成熟后由林某某负责包销。林某等 47 户村民购买种子后，按被告介绍的技术进行种植、管理，至次年 5 月底发现毛豆生长情况与被告所说的不符，大部分毛豆长叶而不结果，造成失收失产。1993 年 6 月，林某等 47 户村民诉至漳浦县人民法院，请求判令被告林某某赔偿经济损失。

法院依据民事诉讼法第 54 条的规定，按当事人一方人数众多的共同诉讼受理了本案。为确定损失情况，该院聘请县种子公司专业人员进行现场测算鉴定：毛豆失收 30.3 亩，失产损失达 1.5 万元。法院经审理认为：被告林武伟未办理《种子经营许可证》和《营业执照》，且未经核实该毛豆种有否经过审定，就将未经审定的毛豆品种予以推销，违反了《种子管理条例》和实施细则的有关规定，是造成原告毛豆生产失收失产的直接原因，依法应承担民事赔偿责任。经法院调解，双方当事人达成协议。林某某自愿赔偿原告林某等 47 户村民毛豆失收失产损失人民币 1.38 万元。

# 174. 甜瓜种子质量问题，法院判决巨额赔偿

山东省莱西市 6 个乡镇近 600 户瓜农从青岛某蔬菜科技研究所购买了黑龙江省某公司生产的"超甜白金"甜瓜种子，在 2007 年冬天种植在大棚里，然而 2008 年 3 月却长成了普通的绿色甜瓜，遂向相关部门投诉。在当地政府的重视下，找专家协助鉴定甜瓜品质，同时组织相关部门固定证据并鉴定损失，莱西市法律援助中心免费帮瓜农打赢了官司。2008 年 3 月，青岛市种子站组织专家来到田间大棚对甜瓜进行鉴定，鉴定报告认定该批种子为假种子。莱西公证处现场调查取证，摄像师全程拍摄记录，制成了光盘。2008 年 6 月 20 日，莱西市价格认证中心认证损失为 697 万元。

莱西法院审理后认为，因产品质量不合格造成他人财产、人身损害的，产品制造者、销售者应依法承担民事赔偿责任。法院作出一审判决，种子生产商和销售商共赔偿瓜农损失 751 万元。

# 175. 销售伪劣种子，赔偿农户损失

海南省琼中县某镇烟某、毛某等 53 户农民从个体种子商贩陈某、池某处购买了 160.25 千克水稻种子，播种后棵粒无收。双方协商未果后，烟某、毛

某等农户诉至法院。法院审理后认定，陈某、池某未经有关部门批准，擅自购进伪劣种子销售给烟某、毛某等53户农民，播种后均无收成，由此造成的经济损失陈某、池某应承担全部赔偿责任。根据县计统局公布的1999年晚稻产量、抽样调查情况及长征镇稻实割测综合推算对比，产量均达到300千克以上，认定原告请求被告每亩赔偿250千克合理。根据县农业技术推广服务中心出具的水稻种子播种量认定播种面积106.8亩，稻谷损失25 700千克。根据镇粮食管理所出具的证明，证实1999年晚稻谷收购价格每100千克110元，原告请求赔偿标准按100千克100元合理，以此计算共计人民币2.68万元。判决被告陈某、池某共同赔偿原告邓某等农户2.68万元。

## *176.* 无证经营既受处罚又判赔偿

2005年，江苏海门市某农场季老汉等10余户农民，从邻村种子供应商高某处购买了"糯玉米2号"种子，种植后产量不到广告上所介绍的三分之一，于是向海门市农业局投诉。市农业局在对受损玉米地进行了田间现场鉴定后，对受灾农田的玉米长势、产量及面积进行了测产核实，并查明当事人高某无证经营种子，从北京某种子公司购进品种名称为"糯玉米2号"种子180千克，销售160千克。而所谓的"糯玉米2号"种子未通过国家级和江苏省农作物品种审定或认定。据此对高某的违法行为作出没收违法所得、并处罚款的行政处罚。

季老汉等农户索赔未果，向法院起诉。通过艰难的诉讼程序，包括行政诉讼、管辖权异议和费时两年的两次民事官司，法院最后认定高某、邱某的非法经营不合格种子的违法事实，判决其应承担相应民事责任，并依据专家的测算对农户可得利益损失进行了确认，并作出了一审判决由高某、邱某赔偿季某等六原告种子价款 9 078 元、损失人民币 66 560 元；赔偿王某、顾某种子价款 1 122 元、损失人民币 6 300 元；北京某种子公司对高某、邱某的上述赔偿承担连带责任。

## *177.* 茄子品种不纯，法院依法判赔

2006 年 2 月，福建省厦门市同安区的 22 位菜农向李某购买了种植 48.2 亩地的"丰田茄王"品种种苗，到了 5 月初，菜农们发现所种植的大部分茄子与往年所种"丰田茄王"的茄子相比，差距比较大，存在茄果较细、重量较轻等问题。菜农们把这种情况反映给同安区工商局，并要求李某赔偿他们的损失。

同安区农业局到现场进行调查鉴定，确认菜农们种植的茄株与正常茄株存在品种差异、混杂率高等问题，造成 22 名菜农直接经济损失每亩减产 908

千克。李某也在 7 月份申请厦门市种子管理站对茄株进行鉴定，结论为未发现特别不一致的异株，但也特别说明此时并不是鉴定品种的最佳时期。

菜农们与李某就赔偿问题协商不成，起诉到同安区人民法院。法院审理后认为，同安农业局的调查结果，可以证明 22 位原告种植的茄株与正常茄株存在品种差异、混杂率等问题，而被告提供的鉴定书是自行委托，并且鉴定结论也说明现场考察的情况并非最佳的品种表现性状，因此不予采信。依法判决被告李某赔偿 22 位原告减产经济损失 8 万余元。

## *178.* 劣质种子赔偿案列入 2010 年湖南消费维权十大案例

湖南省道县某镇某经营户将 1 635 千克稻种销售给了 498 户农户，播种面积 1 090 亩。经鉴定，这批种子为劣质种子。最终工商部门促成双方达成调解协议，生产厂家湖南某种业公司按每亩赔偿83.7 元的标准予以赔偿，共计赔偿 9.1 万元。同时，种子管理部门对该经营户销售劣质种子的违法行为进行了立案查处。

## *179.* "精包装"劣质棉种坑棉农，经销商获刑

2011 年 3 月 7 日，湖南省常德市鼎城区人民法

院审结一起坑农案件，以销售伪劣产品罪，判处被告人杨国锋有期徒刑 3 年，缓刑 5 年，并处罚金 20 万元。

2008 年 6 月，山东籍男子杨国锋在北京市开办了"北京沃豪富生物科技有限责任公司"。之后，从山东老家购得大量无任何手续的散装棉种，为其简单加工处理后，命名为"巨铃棉系列棉种"，然后进行包装，并贴上精美的标签。

2008 年下半年开始，该棉种进入湖南省的鼎城区、汉寿县、安乡县、桃源县及南县、华容县等地，一些棉农栽种该棉种后，造成大面积棉花减产，有的甚至失收。经南县种子管理站和鼎城区种子管理站鉴定，该棉种为劣质种子。鼎城区公安局依据此基本犯罪事实，于 2010 年底遂将杨国锋从北京抓获归案。

法院经审理后认为，被告人杨国锋无视国家产品质量法规，销售不符合国家和省级标准的劣质棉种，导致棉农重大经济损失，其行为已构成销售伪劣产品罪，鉴于被告人杨国锋在案发后给予受害棉农一定的经济赔偿，可酌情从轻处罚。

# 180. 市县农业执法三级联动，调解毛豆种子质量纠纷

2006 年 5 月，福建省连江县农业行政执法大队接连受理两起"75 毛豆"种子质量的投诉，种植户

反映其种植的 253 亩"75 毛豆"杂株率较高,将严重影响产量和质量,要求农业部门帮助他们追讨损失。因两起纠纷的供种方分别在闽侯县和漳州市,连江县农业行政执法大队一方面及时调查取证,通过现场查看和田间调查,确定杂株率,估算造成的损失约 50%;稳定种植户情绪,在召集双方进行两次调解不成后,组织省市有关专家组成鉴定组,进行现场鉴定;另一方面将情况上报福建省农业执法总队和福州市农业执法支队。在省总队、市支队和相关市县农业执法大队的大力支持下,这两起跨地区、跨县的纠纷终于调解成功,为豆农争得补偿款4.5 万元。

## 181. 菜豆种子质量纠纷协商处理

2008 年 12 月,广西省田东县农业局种子管理站接到苏某、谭某等 6 人投诉,反映从县城某种子经营部购买的"秋玉"(四季豆)播种后出苗很差,怀疑是种子质量问题造成,要求调查处理。该局接报后组织专家组开展现场调查,取得了田间调查数据,并从被诉人经营部抽取了种子样品,在检验室进行发芽试验。

在田间现场,技术人员对问题田块逐一观察、分类和登记,调查了 9 个样点的发芽率。结果表明,发生问题的田块有 29.85 亩,涉及 24 户群众,大多数田块发芽率仅为 27%～44%（只有 4 亩为 77%），断垄缺苗对冬菜生产的影响很大。随后几天，技术人员通过询问有关当事人，详细了解了播种、水肥管理等情况，并结合检验室发芽结果得出了鉴定结论：该批种子为合格种子，但属于陈种，发芽势不强，经销方未向群众说明，负有不可推卸的责任；而大多数农户未按技术要求播种，田间渍水严重，造成缺氧烂种烂芽，也负有一定的责任。

农业执法人员随后联系南宁的供货商说明情况，并多次召集纠纷经销方和农户开会协商调解，耐心细致地做思想工作，提出了解决问题的建议。最后，双方达成一致意见，由经销方赔偿 24 户群众误工费 2 985 元，同时退回种子款 3 690 元，两项共计 6 675 元。

# 182. 劣质种子伤农，法院调解

2006 年 9 月，浏阳市某镇种子经营户张某在胡某的种子店购得"金优 924"水稻种子 8 400 千克，次年播种后，购买该批种子的农户发现其发芽率严重偏低，由于农时已过，无法补种，造成 100 多名农户损失严重，农户们遂找张某和胡某索赔。

经法院调解，胡某最终答应赔偿 5 万元弥补农户的减产损失，另赔偿给经销商张某"威优 644"种子 2 500 千克。

## 183. 劣质种子使瓜田绝收，工商局调解处理

2008 年 7 月，陕西省石泉县工商局接瓜农申诉，称其在县城某门市部购买的西瓜种，共种植面积约 21 亩，后出现全部绝收情况。工商人员会同农业部门多次到田间调查了解情况，确认西瓜种存在质量问题。经多次调解达成协议，被诉方向瓜农一次性赔偿 1.45 万元，并退还种子款 720 元。

## 184. 使用转基因抗虫棉种不抗虫而导致失收的纠纷

赵世平于 2002 年承包了山东东营市黄河农场 1 135 亩土地种植棉花，却几近遭遇绝产。赵认为，是购买的转基因抗虫棉种不抗虫而导致失收的，与销售商协商未果，他及另外两名种植户于 2002 年将种子经营者和连带责任人告上法庭，向东营市中级人民法院起诉种子经营者刘振东等销售假种致损失惨重，要求经济赔偿。

2003 年 7 月，东营市中级人民法院审理认为，按照鲁棉研 17 的抗虫性和抗病性，一般年份，应对二代棉铃虫产生抗虫性。但赵世平种植却出现二代棉铃虫现象，因此，可认定涉案棉种的质量存有缺陷，棉花减产与棉种存有相当因果关系，刘振东承

担80％的损失，赔偿43.3万元。刘振东不服，上诉至山东省高级人民法院；山东省高院于2004年2月裁定发回重审。

2009年4月，法院重审，通过测定和专家证实净度、发芽率、水分、纯度符合国家标准。法院委托山东中棉棉业有限责任公司对涉案棉种的抗虫性进行鉴定，采用硫酸卡那霉素鉴定法，认为涉案棉种有抗虫性，但不能证明毒蛋白含量。综合各方因素认定，尽管棉种质量似乎未影响棉花产量，但是不能排除种子纯度与标识纯度的差距以及棉种的不稳定性对产量影响，因此刘振东承担10％的损失为宜，判令刘振东承担10％赔偿，即9.1万元；刘振东仍不服，再次上诉至山东省高院，省高院于2009年9月判决维持原判。

该案件历时近十年，过程异常复杂，前后两次审理，判决却截然相反。2003年、2009年两次审理集结了众多种子纠纷处理过程中最常见的难题，如种子标识的责任认定、经营（推广）应该审定但未经审定品种的法律责任、种子质量与抗性的关系、减产与种子因果关系判断、损失计算等，值得我们深思。

# 185. 涉嫌违规经营种子被立案查处

2001年12月，甲市农业局收到群众举报，反映该市某种子公司涉嫌经营假劣种子。甲市农业局立即组织执法人员检查该种子公司的仓库，发现仓库内存放有1万千克无包装、无标签的种子。执法人员依法制作了现场检查笔录和现场勘验笔录，对负责购种的该种子公司销售人员、仓库管理人等有关人员进行了询问，制作了询问笔录。初步查明：该批种子是该种子公司通过乙市某种子经营部在其种子基地直接调运的，生产单位是乙市某种子经营部，没有签订购销合同，也没有开具正式发票。由于没有包装和种子标签，该批种子品种的真实性和种子质量标准难以认定。

由于乙市某种子经营部不能提供《农作物种子经营许可证》，其营业执照登记的经营范围及方式是不再分装的农作物包装种子的零售，没有经营主要农作物种子的资格，提供的委托证书也只是代销小包装的主要农作物种子，因此，甲市农业局认定乙市某种子经营部违反《种子法》的规定，构成无证经营主要农作物种子的违法行为，应当依法予以处罚。甲市某种子公司调运没有包装和标签种子的行为依法也应当予以处罚。

由于某种子经营部的注册地和经营地在乙市，不属甲市农业局管辖范围。按照《农业行政处罚程序规定》第12条的规定，甲市农业局将该案件的调查情况移送乙市农业局管辖。乙市农业局提出管辖异议，认为该案应由违法行为发生地管辖。甲市农业局向该省农业厅书面请求指定管辖。该省农业厅经调查，发出指定管辖函，指定甲市农业局对该市某种子公司涉嫌违规经营种子案进行查处；乙市农业局对某种子经营部涉嫌违规经营种子案进行查处。并将处理结果报省农业厅。

按照省农业厅指定管辖函的要求，甲、乙两市农业局分别对本行政区域内违法经营种子的当事人给予了行政处罚，并将处罚结果上报备案。

# 186. 错过播种品质申请鉴定时期，质量纠纷田间现场鉴定无法受理

2005年8月，湖北省孝南区农业部门接一农民投诉，某经销商黄豆种子质量问题。经调查核实，该农民于2005年4月购种、播种，8月份投诉种子出苗低、不发芽。因田间鉴定的现场及适宜时期已过，农业部门无法受理。根据《农作物种子质量纠纷田间现场鉴定办法》的规定，申请人提出鉴定申请时，需鉴定地块的作物生长期已错过该作物典型性状表现期，从技术上已无法鉴别所涉及质量纠纷起因的不予受理。

这个案例所反映的问题是种子质量纠纷当事人因错过申请鉴定时期而投诉无门。种子发芽出苗的质量纠纷，必须在苗期之初申请，一旦发现问题，

及时申请。苗期之后发生的系列栽培措施或其他因素，涉及发芽出苗纠纷的现场遭到破坏或者不存在，从技术上就无法确定当初种籽是否出苗及问题的起因，因此对该农户只能劝其撤诉。

值得一提的是，种子纯度问题应在大田期间品种特征特性表现最明显的时期申请鉴定，苗期、花期、成熟期不同的作物要求不一，如果错过典型性状表现期，从技术上也就错过了田间现场鉴定的适期。

## 187. 田间发病无法予以赔偿

由于农民对于种子生长过程中一些疾病认识的缺乏，容易导致一些不必要的种子质量纠纷。2009年4月，四川省雅安市雨城区消委会就接到南郊乡农民魏某投诉，称自己2月份在雨城区某种业公司购买了2千克某品种水稻种子，种了3亩田，如今正该是秧苗生长良好的时候，却发现秧苗高矮不一，良莠不齐。魏某认为是种子的质量问题才导致秧苗生长不一，故要求工商部门帮助解决，以保护自己的权益。

接到投诉后，消委会工作人员一边向当事人询问了解情况，一边同区农业局进行技术咨询。经调查了解到，发生此种情况的原因是秧苗得了"恶苗病"，与种子质量无关，施用农药"多效唑"、"使百克"即可挽救，工作人员又主动协调，多方联系，帮助购买质优价廉的农药，并指导其正确的施肥方法，帮助解除了魏树荣的后顾之忧。

## 188. 劣质种子坑人不浅，无凭无据维权无门

2010年春，吉林省敦化市农民田某和村里20多户村民一起，委托村里一个认识种子公司的村民买玉米种子。到了秋收的时候，玉米大量减产，有的不结棒，有的不结籽，减产达到30%左右，田某一共损失了六七千元。但由于那个村民拿不出买种子的收据，田某于是找到敦化市种子管理部门投诉。可是，由于他早就把玉米棒收回了家，现场已被破坏，种子管理部门无法进行鉴定。因为没有证据无法维权，只好吃了个"哑巴亏"。

所以，买种子一定要通过正规渠道，开正式发票，发现种子有问题及时投诉。

# 参 考 文 献

汪强.2011. 花生科学栽培［M］.合肥：安徽科学技术出版社.

苏兴智.2009. 优质花生高产高效种植技术［M］.南京：东南大学出版社.

徐培培，等.2007. 都市农业实用技术宝典［M］.杭州：浙江科学技术出版社.

石建尧，胡伟民.2006. 鲜食玉米规范化生产和管理［M］.北京：中国农业出版社.

曹广才，徐雨昌.2000. 实用玉米自交系［M］.北京：中国气象出版社.

胡晋，王世恒，谷铁成.2004. 现代种子经营和管理［M］.北京：中国农业出版社.

浙江农业大学种子教研组.1980. 种子检验简明教程［M］.北京：农业出版社.

罗家传，张跃进，姜书贤.2003. 我国小麦良种繁育体系的特点和应用［J］.种子（1）：58-59.

李正玮，何立人，张泽，等.1989. 大麦种质资源的数量分类研究［J］.西南农业大学学报（4）：383-389.

邹奎.2010. 棉花生产百问百答［M］.北京：中国农业出版社.

季道藩.2001. 棉花知识百科［M］.北京：中国农业出版社.

董秀坡.2000. 蔬菜种子优劣鉴别法［J］.新农业（8）：24.

朱永亮.2003. 蔬菜种子的鉴别与选购［J］.农村百事通（6）：8.

吕家龙.2008. 蔬菜栽培学各论：南方本［M］.3版.北京：中国农

业出版社.

胡晋 . 2009. 种子生产学［M］. 北京：中国农业出版社.

陈亚伟 . 2010. 马铃薯种薯切块大小与生物经济性状相关性研究［J］. 现代农业科技（16）.

郑国芬，尚义 . 2009. 优质马铃薯栽培技术［J］. 现代农业（1）.

李曙轩 . 1979. 蔬菜栽培生理［M］. 上海：上海科学技术出版社.

蔬菜栽培学各论（南方本）［M］. 北京：农业出版社.

李伯年 . 1982. 蔬菜育种与采种［M］. 茂昌图书有限公司.

郑光华，史忠礼，赵同芳，陶嘉龄 . 1990. 实用种子生理学［M］. 北京：农业出版社.

杜澍 . 1986. 果树科学实用手册［M］. 西安：陕西科学技术出版社.

么厉，等 . 2006. 中药材规范化种植（养殖）技术指南［M］. 北京：中国农业出版社.

陈瑛 . 1999. 实用中药种子技术手册［M］. 北京：人民卫生出版社.

吴震，等 . 2010. 蔬菜育苗实用新技术百问百答［M］. 北京：中国农业出版社.

张振贤，等 . 2006. 蔬菜栽培学［M］. 北京：中国农业大学出版社.

汪炳良，等 . 2009. 蔬菜制种百问百答［M］. 北京：中国农业出版社.

杨凤梅，张凤龙，宋兆华 . 1999. 茄果类蔬菜杂交制种的技术要点［J］. 北方园艺（6）：13-14.

陈孝峰 . 2006. 茄果类蔬菜培育壮苗的方法［J］. 农技服务（12）：16.

韩文亮，耿爱民，赵劳芹 . 2003. 小麦良种繁育与延长品种利用期技术的研究与实践［J］. 中国种业（12）.

徐恒永，等 . 2008. 国家优质小麦良种繁育高技术产业化示范工程项目实施取得显著成效［J］. 山东农业科学（2）：123-124.

蔡后銮 . 2002. 园艺植物育种学［M］. 上海：上海交通大学出版社.

王景升.1991. 种子科学与技术［M］.沈阳：辽宁科学技术出版社.

朱贵平.2007. 油菜栽培［M］.北京：中国农业科学技术出版社.

赵密珍，等.2006. 草莓种质资源描述规范和数据标准［M］.北京：中国农业出版社.

汪炳良.2010. 番茄、茄子、辣椒生产答疑解难［M］.3版.北京：中国农业出版社.

何启伟.1995. 蔬菜品种及育苗问答［M］.石家庄：河北科学技术出版社.

高丽红，李良俊.1998. 蔬菜设施育苗技术问答［M］.北京：中国农业大学出版社.

尚庆茂，张志斌.2010. 蔬菜集约化高效育苗技术［M］.北京：中国物资出版社.

郭巧生，赵敏.2008. 药用植物繁育学［M］.北京：中国林业出版社.